essentials

essentials liefern aktuelles Wissen in konzentrierter Form. Die Essenz dessen, worauf es als „State-of-the-Art" in der gegenwärtigen Fachdiskussion oder in der Praxis ankommt. *essentials* informieren schnell, unkompliziert und verständlich

- als Einführung in ein aktuelles Thema aus Ihrem Fachgebiet
- als Einstieg in ein für Sie noch unbekanntes Themenfeld
- als Einblick, um zum Thema mitreden zu können

Die Bücher in elektronischer und gedruckter Form bringen das Expertenwissen von Springer-Fachautoren kompakt zur Darstellung. Sie sind besonders für die Nutzung als eBook auf Tablet-PCs, eBook-Readern und Smartphones geeignet. *essentials:* Wissensbausteine aus den Wirtschafts-, Sozial- und Geisteswissenschaften, aus Technik und Naturwissenschaften sowie aus Medizin, Psychologie und Gesundheitsberufen. Von renommierten Autoren aller Springer-Verlagsmarken.

Weitere Bände in der Reihe http://www.springer.com/series/13088

Jan Louis

Mit der Stringtheorie zum Urknall

Eine Reise an den Ursprung des Universums

Jan Louis
Fachbereich Physik
Universität Hamburg
Hamburg, Deutschland

ISSN 2197-6708 ISSN 2197-6716 (electronic)
essentials
ISBN 978-3-658-32519-0 ISBN 978-3-658-32520-6 (eBook)
https://doi.org/10.1007/978-3-658-32520-6

Die Deutsche Nationalbibliothek verzeichnet diese Publikation in der Deutschen Nationalbibliografie; detaillierte bibliografische Daten sind im Internet über http://dnb.d-nb.de abrufbar.

Planung/Lektorat: Margit Maly
Springer Spektrum ist ein Imprint der eingetragenen Gesellschaft Springer Fachmedien Wiesbaden GmbH und ist ein Teil von Springer Nature.
Die Anschrift der Gesellschaft ist: Abraham-Lincoln-Str. 46, 65189 Wiesbaden, Germany

Was Sie in diesem *essential* finden können

- Eine Einführung und einen Überblick über den Stand der Forschung in Kosmologie, Teilchenphysik und Stringtheorie
- Eine Kurzversion der Geschichte unseres Universums – von den etablierten Fakten bis zu einer Auswahl von Spekulationen

Vorwort

Das Woher und das Wohin hat die Menschen seit jeher beschäftigt und inspiriert. Heute sind wir in der Lage die Geschichte des Universums wissenschaftlich mit einer beeindruckenden Genauigkeit zu beschreiben. Mit ganz wenigen Annahmen gelingt es, die Entwicklung des Universums ab ca. 0,0000000001 s nach dem Urknall zu rekonstruieren. Dabei ist das Zusammenspiel von Kosmologie, Allgemeiner Relativitätstheorie, Teilchenphysik und Quantentheorie der Schlüssel zu diesem Erfolg. Nur der Anfang, der Urknall selbst, entzieht sich bisher den gesicherten Gesetzen der Physik. Je mehr wir uns ihm nähern, umso spekulativer wird die Geschichte.

In diesem Buch wollen wir den Leser auf eine Reise zum Urknall mitnehmen und unterwegs die verschiedenen physikalischen Theorien, Erkenntnisse und Entdeckungen kennenlernen. Dabei wird auch die Stringtheorie als möglicher Kandidat für eine allumfassende physikalische Theorie vorgestellt, die das Potenzial hat, den Urknall zu erklären. Ihre zum Teil spektakulären Vorhersagen, wie z. B. zusätzliche Raumdimensionen oder Paralleluniversen, sollen ebenfalls diskutiert werden.

Für wen ist dieses Buch geschrieben, bzw. wen möchten wir auf diese Reise einladen? Jede/jeder kann mitfahren und wir hoffen, dass alle sie genießen werden. Einige naturwissenschaftliche Grundkenntnisse sind aber gelegentlich sicher nützlich.

Das Buch wäre ohne die kritischen und unterstützenden Kommentare von Wilfried Buchmüller, Ilka Flegel, Nicola Gaedicke, Sarah Gottschalk, Michael Grefe,

Wiebke Kircheisen, Norbert König, Christian Kühn, Margit Maly, und Alexander Westphal nicht möglich gewesen. Dafür möchten wir uns ganz herzlich bedanken.

Jan Louis

Inhaltsverzeichnis

Der Mensch hat immer schon versucht zu verstehen, was am Himmel zu sehen ist. Daraus ist die Astronomie – die Wissenschaft vom Weltall und den sich darin befindlichen Himmelskörpern entstanden. Es war sicherlich die menschliche Neugier gepaart mit der Faszination eines überwältigenden Anblicks, die diese Wissenschaft begründet und beflügelt haben. Eine vielfach angenommene Verbindung zu religiösen und kulturellen Aspekten hat das Interesse zusätzlich gesteigert. Und dann gab es natürlich auch eher praktische Beweggründe, wie z. B. die sichere Navigation auf hoher See, die die Astronomie gesellschaftlich und politisch notwendig gemacht hat.

Zunächst stand den Menschen zur Beobachtung des Weltalls nur ihr bloßes Auge zur Verfügung, später dann Hilfsmittel wie das Fernrohr und heute setzt man große Teleskope auf hohen Bergen in entlegenen Winkeln der Erde ein. Darüber hinaus wird nicht nur das sichtbare Licht, sondern jede Strahlung, die uns aus dem Weltall erreicht, untersucht. Fast schon routinemäßig werden mittlerweile Teleskope ins Weltall geschickt, um ohne störende Erdatmosphäre die empfangene Strahlung aufzunehmen und zu analysieren. Dadurch haben wir eine beeindruckende Kenntnis des Universums erlangt.[1]

Was genau sehen wir? Mit bloßem Auge erkennen wir Sterne, Planeten und, an abgeschiedenen Orten der Erde, auch die Milchstraße. Sie ist eine sogenannte Spiralgalaxie, vergleichbar mit der in Abb. 1.1 dargestellten Galaxie. In der Tat zeigt sich durch die Beobachtung des Weltalls mit Teleskopen, dass fast alle

---

[1]In diesem Text benutzen wir die Begriffe „Weltall", „Universum" und „Kosmos" synonym.

© Der/die Autor(en), exklusiv lizenziert durch Springer Fachmedien Wiesbaden GmbH, ein Teil von Springer Nature 2021
J. Louis, *Mit der Stringtheorie zum Urknall*, essentials,
https://doi.org/10.1007/978-3-658-32520-6_1

Abb. 1.1 Bild der Spiralgalaxie M101 aufgenommen vom Hubble Weltraumteleskop. Sie
ist etwa 21 Mio. Lichtjahre von der Erde entfernt. Unsere Milchstraße ist eine ähnliche
Spiralgalaxie mit der Sonne am Rand der zentralen Region. Wir selbst sehen die Milch-
straße daher nur als helles, schmales Band am Himmel. (Image credit: European Space
Agency & NASA, Project Investigators for the original Hubble data: K.D. Kuntz (GSFC),
F. Bresolin (University of Hawaii), J. Trauger (JPL), J. Mould (NOAO), and Y.-H. Chu
(University of Illinois, Urbana))

Sterne in Galaxien organisiert und Galaxien wiederum Teil von Galaxienhaufen sind. Sterne, Galaxien und Galaxienhaufen sind aber nicht gleichmäßig im
Universum verteilt, sondern in einer großräumigen Struktur angeordnet.

Die Beobachtung und Ergründung des Weltalls sind immer schon eng mit der
Frage nach dem „Woher" und „Wohin" des Menschen verbunden. Können wir
verstehen, wie das Universum entstanden ist und warum es heute so aussieht, wie
es aussieht? Können wir z. B. die großräumige Struktur des Universums erklären
oder die Entstehung von Sternen bzw. Galaxien? Können wir vorhersagen, wie
sich das Universum in Zukunft entwickelt, was sein Schicksal ist?

In dieser Frage machte der amerikanische Astronom Edwin Hubble 1928 eine grundlegende Beobachtung. Er wies nach, dass sich (fast) alle Galaxien am Himmel von uns wegbewegen und schloss daraus, dass sich das Universum als Ganzes ausdehnt. Wenn sich das Universum heute ausdehnt liegt die Annahme nahe, dass es sich auch in der Vergangenheit ausgedehnt hat und deshalb früher kleiner war als heute. Verfolgt man diese Idee immer weiter zurück in die Vergangenheit, so schließt man auf ein Universum, dass an einem Zeitpunkt aus einem Raumpunkt entstanden ist. Diesen Punkt nennt man den Urknall. Die Vorstellung, dass das Universum sehr klein begonnen und durch stetige Ausdehnung sein heutiges Aussehen erlangt hat, fasst man unter dem Begriff „Urknalltheorie" oder „Urknall-Modell" zusammen.[2] In diesem Sinne kann man den Urknall vielleicht am ehesten als das wissenschaftliche Pendent zum biblischen Schöpfungsmoment ansehen.

In diesem Text wollen wir uns nun zusammen auf eine Reise zurück zu diesem Urknall machen und verstehen, wie sich im Rahmen der Urknalltheorie das heutige Universum erklären lässt. Dabei kann nicht streng chronologisch vorgegangen werden, sondern es müssen hier und da Sprünge in Kauf genommen und auch Ausflüge in verschiedene Disziplinen der Physik gemacht werden. Wir werden dabei aber einen der beeindrucktesten wissenschaftlichen Erfolge der vergangenen 100 Jahren kennenlernen: Es ist heute möglich, die Geschichte des Universums ab 0,0000000001 $(= 10^{-10})$ Sekunden nach dem Urknall zu rekonstruieren. Wir werden aber auch feststellen müssen, dass der Anfang, der Urknall, bis heute physikalisch nicht verstanden ist. Hier werden wir mithilfe der Stringtheorie lediglich Vermutungen anstellen können.

Wie wird nun unsere Reise verlaufen? Im Kap. 2 werden die Expansion des Universums und sein heutiges Erscheinungsbild etwas detaillierter vorgestellt und wir werden daraus lernen, dass die frühe Phase des Universums nicht allein mit Fernrohr und Teleskop verstanden werden kann. Wir müssen uns hingegen zusätzlich Grundkenntnisse über die Zusammensetzung und Struktur von Materie aneignen. Deshalb ist Kap. 3 der Teilchenphysik gewidmet, die genau solche Fragen stellt und beantwortet. Mit diesem Wissen wird es uns im Kap. 4 gelingen, die Geschichte des Universums von kurz nach dem Urknall bis heute erfolgreich zu rekonstruieren. Kap. 5 und 6 sind dann dem Urknall selbst und der Phase

---

[2]Den Physik-Nobelpreis 2019 erhielt zur Hälfte der kanadisch-amerikanische Kosmologe James Peebles, der maßgeblich die Entwicklung der Urknalltheorie mitgestaltet hat.

unmittelbar danach gewidmet. Diese Phase ist noch unverstanden und alle Überlegungen hier sind eher spekulativ. Wir werden verstehen, dass eine ganz neue
physikalische Theorie notwendig ist, um dem Urknall näher zu kommen. Als ein
vielversprechendes Beispiel stellen wir die Stringtheorie vor.

2.1   Die Beobachtung

Wie in der Einleitung schon erwähnt, geht die zentrale Beobachtung für ein expandierendes Universum auf Edwin Hubble zurück, der das die Erde erreichende Licht von entfernten Galaxien analysierte. Aufgrund ihrer Entfernung und der damals sehr viel schlechteren Auflösung nahm er die Galaxien als punktförmige Lichtquellen wahr und nicht wie in Abb. 1.1 als ausgedehnte Ansammlung von Sternen. Physikalisch ist Licht eine elektromagnetische Welle und wie bei einer Wasserwelle kann auch dem Licht eine Wellenlänge zugeordnet werden. Unter der Wellenlänge versteht man den räumlichen Abstand zwischen zwei benachbarten Wellenbergen. Unterschiedliche Wellenlängen nimmt das Auge als unterschiedliche Farben des Lichtes wahr. Rotes Licht zum Beispiel hat eine Wellenlänge von etwa 600 Nanometern (nm), blaues Licht von etwa 400 nm.[1]

Das von einer Lichtquelle ausgesendete Licht erscheint nun in einer anderen Farbe, je nachdem, ob sich die Lichtquelle von uns weg oder auf uns zu bewegt. Das Licht einer sich entfernenden Galaxie nehmen wir als langwelliger (röter oder im Fachjargon rot verschoben), das Licht einer Galaxie die sich auf uns zu bewegt als kurzwelliger (blau verschoben) wahr. Diesen Effekt nennt man den Doppler-Effekt des Lichts.[2] Er ist mit bloßem Auge nicht zu

---

[1] 1 nm sind 0,0000000001 m, die man der Übersichtlichkeit halber als 10^{-9} m abkürzt.

[2] Wir alle kennen den Doppler-Effekt des Schalls: Die Tonhöhe einer vorbeifahrenden Sirene (z. B. auf einem Krankenwagen) ändert sich je nachdem, ob der Wagen sich auf uns zu oder von uns wegbewegt. Wir nehmen einen höheren Ton bei einem heranfahrenden und einen niedrigeren Ton bei einem wegfahrenden Wagen wahr. Der tatsächlich ausgesandte Ton der Sirene ist natürlich immer gleich, aber unsere Wahrnehmung der Tonhöhe hängt von der Geschwindigkeit und Fahrtrichtung der Sirene ab. Schall breitet

© Der/die Autor(en), exklusiv lizenziert durch Springer Fachmedien Wiesbaden GmbH, ein Teil von Springer Nature 2021
J. Louis, *Mit der Stringtheorie zum Urknall,* essentials,
https://doi.org/10.1007/978-3-658-32520-6_2

sehen, wird aber mit geeigneten Messinstrumenten nachgewiesen. Mit einem Glasprisma können wir weißes Licht in seine verschiedenen Farbanteile zerlegen. Das von einem Stern ausgesandte Licht zeigt dabei ein ganz charakteristisches Spektrum von verschiedenen Farbanteilen, ein sogenanntes Emissionsspektrum. Das ist letztendlich eine Folge des nuklearen Fusionsprozesses, der das Licht im Stern erzeugt. Dieses Emissionsspektrum beobachtete Hubble und sah eine Verschiebung aller Farblinien ins langwelligere Rote. Man spricht hier von der beobachteten Rotverschiebung des Lichtes der Sterne bzw. der Galaxien.

Diese Rotverschiebung hatten andere Kollegen vor Hubble auch schon beobachtet, er bemerkte aber zusätzlich, dass die Geschwindigkeit der „vor uns flüchtenden" Galaxien mit ihrer Entfernung korreliert ist. Aus der Größe der Rotverschiebung kann man die Geschwindigkeit der jeweiligen Galaxie ablesen und aus seiner Helligkeit schließen wir auf seine Entfernung. Hubble stellte fest, dass je weiter eine Galaxie von uns weg ist, umso schneller entfernt sie sich auch. Er interpretierte seine Beobachtung durch ein sich als Ganzes ausdehnendes Universum.

Die Anzahl der von Hubble untersuchten Galaxien war damals vergleichsweise gering, seine Beobachtung ist aber seither durch viele weiteren Galaxien bestätigt worden. Das Universum dehnt sich also heute aus. Da das Licht von entfernten Galaxien lange zu uns unterwegs ist, wissen wir, dass sich das Universum auch in der Vergangenheit ausgedehnt hat. So ergibt sich das Bild eines aus einem Urknall heraus expandierenden Universums, wie es in Abb. 2.1 skizziert ist.

Tatsächlich beobachtet man heute nicht nur eine Ausdehnung des Universums, sondern sogar eine beschleunigte Ausdehnung, wie sie am rechten Rand von Abb. 2.1 angedeutet ist. Der Nachweis gelang zwei US-amerikanischen Forscherteams[3] Ende der 1990er Jahre durch eine sehr präzise Vermessung der Korrelation von Rotverschiebung und Entfernung. Den physikalischen Grund für diese beschleunigte Expansion fasst man unter dem Begriff „Dunkle Energie" zusammen. Was aber genau diese Dunkle Energie ist, konnte bislang nicht zweifelsfrei bestimmt werden. Es gibt verschiedene Vermutungen, auf die wir im Laufe des Textes zurückkommen werden.

Das für das Auge sichtbare Licht ist nur ein kleiner Teil der gesamten elektromagnetischen Strahlung. Elektromagnetische Wellen mit kürzeren Wellenlängen bezeichnet man als Röntgen- bzw. Gammastrahlung, elektromagnetische Wellen

---

sich auch in Wellen aus und die Tonhöhe entspricht der Wellenlänge der Schallwelle. Aus der veränderten Tonhöhe bzw. Wellenlänge lässt sich zusätzlich die Geschwindigkeit der Sirene ermitteln.

[3] 2011 erhielten Saul Permutter, Adam Riess und Brian Schmidt für diese Entdeckung den Physik-Nobelpreis.

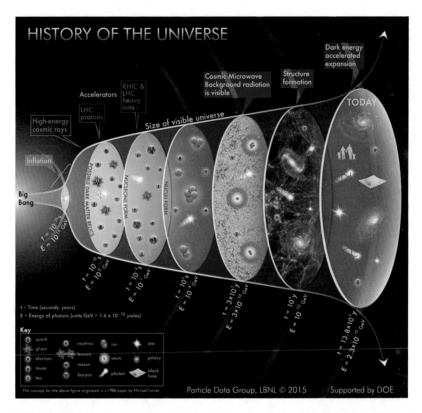

Abb. 2.1 Hier ist die Geschichte des expandierenden Universums nach einem Urknall schematisch dargestellt. Wir werden im Laufe des Textes die verschiedenen Phasen und Elemente diese Bildes kennenlernen

mit größeren Wellenlängen werden oft unter dem Begriff Radiowellen zusammengefasst. Heute beobachtet und analysiert man die aus dem Kosmos auf die Erde treffende Strahlung in allen Wellenlängenbereichen, also nicht nur im Bereich des sichtbaren Lichts. Dadurch haben sich eine Vielzahl von weiteren Erkenntnissen ergeben. Dazu kommt, dass in den letzten 100 Jahren auch die Messapparate zum Nachweis dieser Strahlung immer empfindlicher wurden und zusätzlich Messungen aus Satelliten mittlerweile eine erprobte Methode sind.

Mithilfe all dieser Beobachtungen steht heute ein detailliertes Bild der Struktur des Universums zur Verfügung. Obwohl unser sichtbarer Nachthimmel suggeriert, dass die Sterne beliebig am Himmel verteilt sind, zeigen sie in Wahrheit großräumige Strukturen (Abb. 2.2). Es ergibt sich somit die Frage, wie diese Strukturen entstanden sind. Auch dazu müssen wir in der Zeit zurückgehen und die frühe Phase des Universums analysieren und verstehen. Zuvor soll aber noch die theoretische Grundlage der Expansion des Universums vorgestellt werden: Einsteins Allgemeine Relativitätstheorie.

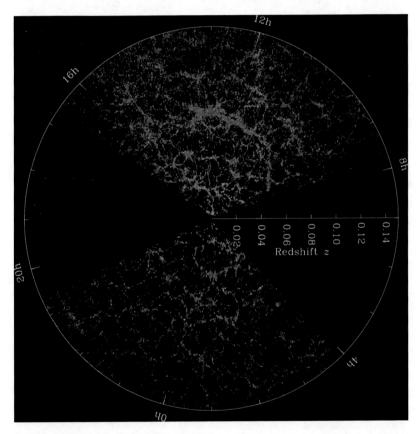

Abb. 2.2 Bild des Universums aufgenommen vom Sloan Digital Sky Survey (SDSS). Jeder Punkt im Bild ist eine Galaxie und man sieht großräumige Strukturen im Universum. (Bildnachweis: M. Blanton and SDSS)

2.2 Die theoretische Beschreibung: Einsteins Allgemeine Relativitätstheorie

Den Kosmos zu beobachten ist das Eine, ihn theoretisch zu beschreiben das Andere. Das Wechselspiel von Beobachtung, Experimenten und Theorien hat die Physik seit Newton befruchtet. Alle Aspekte müssen genau zusammenpassen und ein konsistentes Gesamtbild ergeben. Es haben sich aber in der Geschichte der Physik auch immer wieder Widersprüche eingestellt, deren Auflösung das Fach inspiriert und weiterentwickelt hat.

Die erste Theorie der Schwerkraft bzw. Gravitation wurde im 17. Jahrhundert vom englischen Naturforscher Isaac Newton formuliert. Sie besagt, dass sich zwei massive Körper gegenseitig anziehen. Diese Kraft nennt man die Gravitationskraft oder man sagt auch zwischen den beiden Körpern existiert eine Gravitationswechselwirkung. Das Newtonsche Gravitationsgesetz lässt sich mathematisch präzise durch die Formel

$$F = G \frac{m_1 m_2}{r^2}$$

ausdrücken. Die Stärke der Kraft F ist proportional zu den Massen der beiden Körper (in der Formel mit m_1 und m_2 bezeichnet) und nimmt umgekehrt proportional mit dem Quadrat des Abstands r zwischen den beiden Massen ab. G ist eine universelle Naturkonstante, die Newtonsche Gravitationskonstante, die für alle Körper gleich ist. Sie wurde von Newton mit Hilfe von Fallexperimenten bestimmt. Die Schwerkraft bewirkt, dass wir auf der Erde stehen und zum Erdmittelpunkt gezogen werden. Sie wirkt auch zwischen Sonne und Erde, zwischen Erde und Mond, etc. und ist z. B. für die Bewegung der Planeten um die Sonne auf elliptischen Bahnen verantwortlich. Schon daran sehen wir, dass die Schwerkraft die dominante Wechselwirkung im heutigen Kosmos ist.

Newtons Gravitationsgesetz wurde durch alle Beobachtungen und Experimente 250 Jahre lang bestätigt. Lediglich die Bahn des Merkurs um die Sonne war mit Newtons Kraftgesetz nur annährend, aber eben nicht präzise beschreibbar. 1915 stellte der deutsche Physiker Albert Einstein eine neue Theorie der Gravitation vor, die Newtons Theorie radikal abänderte und eine „Revolution" in der Physik auslöste. Insbesondere gab sie die Bahn des Merkur richtig wieder. Einsteins Theorie trägt den etwas sperrigen und wenig intuitiven Namen „Allgemeine Relativitätstheorie". 1905 hatte Einstein die Spezielle Relativitätstheorie aufgestellt. Darin postulierte er, dass die Lichtgeschwindigkeit c konstant ist und sie zudem eine obere Grenzgeschwindigkeit für alle Transporte darstellt. Kein physikalischer Prozess kann schneller als die Lichtgeschwindigkeit sein. Er definierte auch die Ruheenergie E eines Körpers durch dessen Masse m in der berühmten Formel $E = mc^2$. Sie drückt die Äquivalenz von Energie und Masse aus. Schließlich fasste er den dreidimensionalen Raum zusammen mit der Zeit als eine vierdimensionale Raumzeit auf. Die Spezielle Relativitätstheorie ist eine faszinierende und zentrale Theorie der heutigen Physik, aber wir können sie hier nur kurz streifen.

In der Allgemeinen Relativitätstheorie postulierte Einstein dann, dass alle massiven Objekte diese Raumzeit krümmen (siehe Abb. 2.3). Die Gravitationswechselwirkung entsteht in seiner Theorie als eine Folge dieser Raumzeitkrümmung. Mathematisch wird dieser Sachverhalt in den Einstein-Gleichungen ausgedrückt. Wenn sie an dieser Stelle auch nicht detailliert besprochen werden können, so möchte wir sie auch deshalb kurz beschreiben, weil sie so zentral für das heutige Weltbild der Physik sind, dass sie sogar auf T-Shirts gedruckt werden und an Hauswänden geschrieben stehen. Wenn es jetzt etwas mathematischer wird, lassen Sie sich nicht abschrecken. Es ist nur ein kurzer Ausflug.

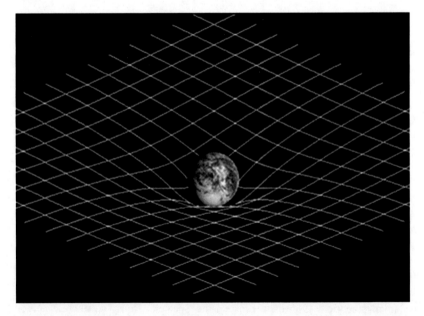

Abb. 2.3 Der Raum (hier als zweidimensionale Fläche dargestellt) wird durch einen massiven Körper (hier die Erde) gekrümmt. Ein anderer Körper nimmt die Krümmung als Anziehungskraft wahr und würde auf die Erde zurollen. (Bildnachweis: Mysid/CC BY-SA)

Einsteins Theorie basiert auf der Riemannschen Geometrie, die im 19. Jahrhundert von dem deutschen Mathematiker Bernhard Riemann angestoßen worden war. Diese Geometrie beschreibt beliebig gekrümmte Räume in einem mathematischen Formalismus, dessen zentrales Objekt die Metrik des Raumes ist. Die Metrik definiert Abstände in einem gekrümmten Raum und ermöglicht so eine Vermessung des Raumes. Das war genau die Mathematik, die Einstein benötigte, um die Krümmung des Raumes durch massive Objekte auszudrücken. Seine Gleichungen lauten.

$$R_{\mu\nu} - \frac{1}{2} g_{\mu\nu} R + \Lambda g_{\mu\nu} = G' T_{\mu\nu},$$

wobei $g_{\mu\nu}$ die besagte Metrik ist. $R_{\mu\nu}$ und R sind daraus abgeleitete Größen, die die Änderung der Metrik beschreiben. Man nennt $R_{\mu\nu}$ den Ricci-Tensor und R den Ricci-Skalar – benannt nach dem italienischen Mathematiker Gregorio Ricci-Curbastro. Λ ist die sogenannte kosmologische Konstante, auf die wir im Kap. 5 eingehen werden. G' ist bis auf konstante Faktoren die im Newtonschen Gravitationsgesetz auftretende Naturkonstante G. $T_{\mu\nu}$ bezeichnet den Energie- und Impulstensor der Materie, hier gehen z. B. die Massen der Objekte und ihre Geschwindigkeiten ein. Schließlich nehmen die griechischen Buchstaben μ, ν die Werte 0,1,2,3 an, wobei 0 für die Zeitrichtung steht, während 1,2,3 die drei Richtungen unseres Raumes zählt. Insgesamt bestehen also die Einstein-Gleichungen aus $4 \cdot 4 = 16$ einzelnen Gleichungen.

Was besagen sie? Sie geben an, wie die Metrik $g_{\mu\nu}$ des Raumes bzw. genauer der Raumzeit in Anwesenheit von Massen, Materie, Energie (spezifiziert durch $T_{\mu\nu}$) aussieht. Das kann z. B. zu einer Krümmung des Raumes führen, wie sie in Abb. 2.3 dargestellt ist. Die Einstein-Gleichungen lassen sich aber auch auf den Kosmos als Ganzes anwenden. Spezifiziert man in $T_{\mu\nu}$ die Massen- bzw. Materieverteilung im Universum, findet man eine sich zeitlich verändernde Metrik, die einem expandierenden oder kontrahierenden Universum entspricht.[4]

Was ist nun der Urknall in dieser Sprache? In der einfachsten Version des expandierenden Universums nimmt die Krümmung der Raumzeit an diesem Punkt den Wert unendlich an und man spricht von einer Singularität. Eine physikalische Größe, die unendlich wird, deutet in der Regel immer an, dass an dieser Stelle die

---

[4]Einstein ging zunächst tatsächlich von einem statischen Universum aus. Als er dies nicht als Lösung seiner Gleichungen finden konnte fügte er den Λ-Term hinzu. Heute weiß man, dass ein statisches Universum als Lösung der Einstein Gleichungen nicht möglich ist und der Λ-Term vielmehr zu der beobachteten beschleunigten Expansion des Universums beiträgt.

vorliegende Beschreibung des physikalischen Systems nicht vollständig sein kann, oder anders ausgedrückt, dass an dieser Stelle die benutzte Theorie versagt. Für den Moment halten wir also fest, dass der Urknall im Rahmen der Allgemeinen Relativitätstheorie nicht sinnvoll beschrieben werden kann. Im Kap. 5 werden wir diesen Punkt aufgreifen und ihn als einen Hinweis auf die Notwendigkeit einer sogenannten Quantengravitation verstehen. Wir werden auch erläutern, wie die Stringtheorie diese Problematik konkret behebt.[5]

Die letzten Paragraphen waren jetzt etwas kompliziert – keine Angst so geht es nicht weiter. Wo stehen wir jetzt? Wir haben die Expansion des Universums sowohl theoretisch wie auch durch Beobachtungen verankert. Können wir daraus jetzt die Geschichte des Universums rekonstruieren, die Entstehung der Sterne und die heute beobachteten großräumigen Strukturen erklären? Noch nicht ganz – eine entscheidende Überlegung fehlt noch. In der Vergangenheit war das Universum kleiner, vor langer Zeit viel kleiner (siehe Abb. 2.1). Da sich ein expandierendes Gas aus Materie abkühlt, muss ein kleineres Universum auch heißer gewesen sein. In einem heißen Universum schmilzt zunächst jede Materie (je nach Art der Materie bei unterschiedlichen Temperaturen), dann verdampft sie und dann zerfällt sie immer weiter in ihre Grundbausteine. Die Disziplin innerhalb der Physik, die sich mit den Grundbausteinen der Materie befasst ist die Teilchenphysik. Zum weiteren Verständnis des Universums müssen wir deshalb einen kleinen Ausflug in die Teilchenphysik machen.

---

[5]Es wird immer wieder über ein frühes Universum ohne Urknall spekuliert – in der Regel durch Abänderung des Energie- und Impulstensors. Es bleibt aber immer die Expansion des Universums und die Frage nach dem Anfang.

Die Bausteine der Materie

3

Die Teilchenphysik untersucht die elementaren Bausteine der Materie und die Kräfte, die zwischen ihnen wirken. Der griechische Philosoph Demokrit prägte die Vorstellung, dass alle Materie aus dicht gepackten, unteilbaren Bausteinen, sogenannten Atomen, besteht. Die Physik hält bis heute an dieser Grundidee fest, modifizierte aber immer wieder was genau diese elementaren Bausteine sind. Ähnlich wegweisend wie die Beobachtungen von Hubble sind für die Teilchenphysik die Experimente des deutschen Physikers Hans Geiger, des britischen Physikers Ernest Marsden und des neuseeländischen Physikers Ernest Rutherford. Vor etwa 110 Jahren (1909–1911) entwickelten sie eine Methode, die bis heute Anwendung bei der Strukturuntersuchung von Materie findet.

3.1 Das Geiger-Marsden-Rutherford Experiment

Geiger, Marsden und Rutherford bestrahlten eine dünne Goldfolie mit Helium-kernen (damals bekannt als Alpha-Teilchen) und beobachteten, was von der Goldfolie durchgelassen und was auf welche Weise abgelenkt wurde (siehe Abb. 3.1). Sie stellten fest, dass die Goldfolie so gut wie durchsichtig für den Strahl aus Heliumkernen war. Sie war aber nicht komplett durchsichtig: Ganz wenige der Heliumkerne wurden abgelenkt bzw. reflektiert. Daraus schlossen sie, dass die Goldfolie zwar aus Atomen besteht, die aber nicht unteilbar sind, sondern vielmehr eine Substruktur aufweisen. Sie bestehen aus einem schweren und

© Der/die Autor(en), exklusiv lizenziert durch Springer Fachmedien Wiesbaden GmbH, ein Teil von Springer Nature 2021
J. Louis, *Mit der Stringtheorie zum Urknall*, essentials,
https://doi.org/10.1007/978-3-658-32520-6_3

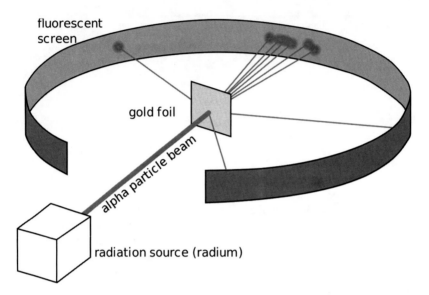

Abb. 3.1 Schematische Darstellung des Geiger-Marsden-Rutherford Experiments. Ein Strahl aus Alpha-Teilchen wird auf ein Stück Goldfolie geschossen und mithilfe eines Detektors (Fotoschirm) die Ablenkung des Strahls gemessen. (Bildnachweis: Kurzon, Wikimedia Commons)

ausgedehnten Atomkern und einer Hülle aus punktförmigen und leichten Elektronen.[1] Nur wenn der Strahl dem Kern nahekommt (was selten passiert), wird er abgelenkt.

Dieses Experiment hat an Aktualität nicht verloren und wird auch heute noch durchgeführt. Allerdings benutzt man in der Regel einen Teilchenstrahl aus Elektronen, Protonen oder Photonen (Licht) und nicht mehr aus Heliumkernen und die Goldfolie kann durch jede andere beliebige Probe (z. B. auch biologische Proben) ersetzt werden. Mithilfe einer heute sehr viel empfindlicheren Messapparatur (dem Detektor bzw. Fotoschirm in Abb. 3.1) beobachtet man so genau es geht die abgelenkte Strahlung und zieht dann Rückschlüsse auf die atomare bzw. subatomare Struktur der Probe.

---

[1]Die typischen Ausdehnungen von Atom, Atomkern, Protonen und Neutronen können in Abb. 3.2 abgelesen werden.

Natürlich möchte man auch verstehen, was nun die elementaren Bausteine der Materie sind. Sind es Atomkern und Elektronenhülle oder haben sie eventuell auch wieder eine Substruktur? Um diese Frage zu beantworten, muss der Teilchenstrahl sehr viel feiner fokussiert werden. Denn eine Substruktur des Atomkerns kann nur nachgewiesen werden, wenn der Strahl im Durchmesser viel kleiner als der Atomkern selbst ist. Um die Physik dieser Fokussierung zu verstehen (und für viele andere anschließenden Überlegungen), müssen wir kurz die wesentlichen Elemente der Quantentheorie vorstellen, die die theoretische Grundlage der Teilchenphysik ist.

3.2 Die Quantentheorie

Die Entwicklung der Quantentheorie wurde 1899 durch den deutschen Physiker Max Planck eingeleitet. Um die Strahlung einer idealisierten Strahlungsquelle (bekannt als Schwarzer Strahler) für alle Wellenlängen zu beschreiben, postulierte er – wenn auch widerwillig, da er mit dieser Annahme allen bis dahin gültigen Vorstellungen und Theorien widersprach – dass jede elektromagnetische Strahlung aus Energiequanten aufgebaut ist. Damit löste er die erste „Revolution" in der Physik des 20. Jahrhunderts aus und leitete die Entwicklung der Quantentheorie ein, die dann im Laufe der ersten Hälfte des 20. Jahrhunderts durch viele Kolleginnen und Kollegen vervollständigt wurde.[2]

Die Quantentheorie beschreibt Objekte bzw. physikalische Systeme im sogenannten Mikrokosmos, d. h. Objekte, die sehr klein sind, also z. B. die Größenordnung eines Atoms von 10^{-10} m haben (oder auch noch kleiner sind). Bevor wir aber jetzt die Quantentheorie kurz vorstellen, möchte wir eine eher wissenschaftstheoretische Bemerkung voranstellen. Die physikalischen Theorien bis ins 19. Jahrhundert orientierten sich maßgeblich an der menschlichen Vorstellung. Das Fließen von elektrischen Strömen ist dem Fließen von Wasser nachempfunden und elektromagnetische Wellen greifen das Phänomen von Wasserwellen auf. So lassen sich zahlreiche weitere Beispiele benennen. Die beiden Theorien, Quantentheorie und Allgemeine Relativitätstheorie, zeichnen sich auch dadurch aus, dass sie mit der menschlichen Vorstellung brechen und eine mathematische Struktur in den Vordergrund stellen. Sie sind daher intuitiv oft schwer zu erfassen. Mithilfe mathematischer Berechnungen liefern sie aber exakte Aussagen und Vorhersagen.

---

[2]Die oben beschriebene Allgemeine Relativitätstheorie war die zweite Revolution des 20. Jahrhunderts und zusammen beherrschen beide Theorien die Physik bis heute.

Ein prominentes Beispiel ist die Natur des Lichtes. Im 19. Jahrhundert spitzte sich die Frage zu, ob sich Licht als Welle ausbreitet oder aus Lichtteilchen besteht. Dieser „Streit" wurde zunächst zugunsten der Wellentheorie entschieden, die Quantentheorie aber zeigt, dass je nach konkreten Bedingungen Licht sowohl als Welle wie auch als Teilchenstrahl auftreten kann. Dieses Phänomen nennt man den Welle-Teilchen-Dualismus der Quantentheorie, der sich eben der menschlichen Vorstellungskraft weitgehend entzieht. Die physikalischen Konzepte „Welle" bzw. „Teilchen" sind Konzepte der klassischen Physik, die in einer Quantentheorie modifiziert werden. Der tragende Begriff der Quantentheorie ist die Energie und ein Teilchen wird durch ein im Raum lokalisiertes Energiepaket beschrieben. Licht ist eine elektromagnetische Welle, die aus Energiequanten, sogenannten Photonen besteht. Sie bemerken schon, dass hier auch die Sprache an ihre Grenzen kommt, da sie, wie auch die klassische Physik, an die menschliche Vorstellung gebunden ist. Rigoros lässt sich die Quantentheorie nur mathematisch beschreiben.

Ein anderes, im Folgenden wichtiges Beispiel, ist die Heisenbergsche Unschärferelation. Sie besagt, dass sich Ort und Impuls eines Teilchens prinzipiell nicht gleichzeitig scharf festlegen lassen (Der Impuls errechnet sich aus der Masse des Teilchens multipliziert mit seiner Geschwindigkeit.) Vielmehr genügen sie der Ungleichung

$$\Delta x \cdot \Delta p \geq \frac{\hbar}{2}$$

Δx bezeichnet hier die Unschärfe des Ortes, Δp die Unschärfe des Impulses und $\hbar$ ist eine Naturkonstante, das Plancksche Wirkungsquantum, das Planck in seiner Strahlungsformel für den schwarzen Körper einführte bzw. einführen musste. Will man den Ort eines Teilchens sehr genau festlegen, also Δx so klein wie möglich machen, muss der Impuls bzw. die Impulsunschärfe groß sein. Dieses Gesetz spielt bei der Fokussierung eines Teilchenstrahls nun die entscheidende Rolle. Um den Teilchenstrahl immer feiner zu fokussieren, müssen die Teilchen des Strahls einen hohen Impuls haben.

3.3 Teilchenbeschleuniger

Wir haben gerade gelernt, dass ein Teilchenstrahl mit hohem Impuls notwendig ist, um den Strahl zu fokussieren und so Substrukturen des Atomkerns zu entdecken. Die Apparaturen, die Teilchenstrahlen mit hoher Geschwindigkeit bzw. hohem Impuls herstellen, nennt man Teilchenbeschleuniger. Wir können auf die Entwicklungen dieser „Maschinen" in den letzten knapp 120 Jahren hier nur kurz eingehen. Sie alle benutzen elektrische Kräfte zur Beschleunigung der Teilchen und zwar entweder auf einer geraden Bahn (Linearbeschleuniger) oder auf einer Kreisbahn (Ringbeschleuniger). Um die Energie des Zusammenstoßes zu erhöhen, ist man in den 1970er Jahren zu sogenannten Colliding-Beam-Experimenten übergegangen. Hier werden zwei Teilchenstrahlen gegenläufig beschleunigt und zur Kollision gebracht. Die Notwendigkeit hohe Geschwindigkeiten zu generieren, ließen die Beschleuniger im Laufe des 20. Jahrhunderts immer größer werden. Der größte Collider heute, der Large Hadron Collider (LHC), ist ein Ringbeschleuniger und steht am CERN in Genf. Er hat einen Umfang von 27 km und in ihm werden zwei Strahlen aus Protonen zur Kollision gebracht. Mit den dort durchgeführten Experimenten gelingt heute die beste Längenauflösung im Mikrokosmos. Die erreichten Energien erlauben physikalische Untersuchungen bis hin zu dem unvorstellbar kleinen Abstand von 10^{-19} m.

Durch die Entwicklung immer energiereicherer Teilchenbeschleuniger gelang es, immer tiefer in den Mikrokosmos vorzustoßen und immer kleinere Abstände aufzulösen und physikalisch zu vermessen. Dadurch ist unser Verständnis der Bausteine der Materie immer fundierter geworden. Heute haben wir eine Theorie die etwas lapidar das „Standardmodell der Teilchenphysik" heißt und die alle bislang beobachteten Phänomene in Beschleunigerexperimenten mit großer Präzision erklärt. Diese Theorie wollen wir nun im Detail vorstellen.

3.4 Das Standardmodell der Teilchenphysik

Das Standardmodell der Teilchenphysik bezeichnet eine Theorie, die Ende der 1960er Jahre von den amerikanischen Physikern Sheldon Glashow und Steven Weinberg sowie dem pakistanischen Physiker Abdus Salam aufgestellt wurde. Dafür erhielten sie 1979 den Physik-Nobelpreis. Das Standardmodell ist seither in den jeweils laufenden Teilchenbeschleunigern vielfach verifiziert worden und gilt heute als eine der am besten bestätigten Theorien der Physik. Manche ihrer Vorhersagen stimmen mit Promille Genauigkeit zu den experimentellen Ergebnissen und es gibt (fast) keine Anzeichen für irgendwelche Unstimmigkeiten.

Das Standardmodell spezifiziert die heute bekannten Bausteine der Materie und insbesondere ihre Wechselwirkungen.

Die Bausteine

Das Standardmodell basiert auf den experimentellen Befunden angefangen bei Geiger, Marsden und Rutherford, die festgestellt hatten, dass Atome nicht elementar sind, sondern aus einem massiven Atomkern und einer Hülle aus Elektronen bestehen. In den 1930er Jahren stellte sich heraus, dass der Atomkern selbst auch nicht elementar ist, sondern aus Protonen und Neutronen besteht. 1968 fand man im vorerst letzten Schritt, dass auch Protonen und Neutronen nicht elementar sind, sondern jeweils aus drei sogenannten Quarks bestehen. Der Aufbau eines Atoms ist in Abb. 3.2 schematisch dargestellt.

Neben der Entdeckung dieser Substrukturen im Atom wurden im Laufe des 20. Jahrhunderts zahlreiche weitere Teilchen entdeckt, die aber meist instabil sind, also nur kurzzeitig existieren und dann wieder zerfallen. Diese Teilchen können aber in Beschleunigern erzeugt und nachgewiesen werden. Der heutige Stand der elementaren Bausteine der Materie ist in Tab. 3.1 zusammengefasst: Es gibt sechs verschiedene Leptonen (eines davon ist das Elektron e) und sechs verschiedene Quarks.

Die Kräfte

Bislang standen die Bausteine der Materie im Mittelpunkt, zwischen ihnen wirken aber auch anziehende bzw. abstoßende Kräfte. Im Abschn. 2.3 haben wir die Gravitationskraft besprochen, die jedes Teilchen spürt. Daneben sind drei weitere Grundkräfte bekannt. Die elektromagnetische Kraft wirkt zwischen allen elektrisch geladenen Objekten. Das Atom ist elektrisch neutral, aber der Atomkern und die Hülle der Elektronen sind jeweils entgegengesetzt elektrisch geladen und ziehen sich daher an. Die elektromagnetische Kraft ist so für die Bindung der Elektronen an den Atomkern verantwortlich. Den Atomkern selbst beherrschen zwei weitere, sogenannte Kernkräfte: die starke Kernkraft und die schwache Kernkraft. Die starke Kernkraft wirkt zwischen Protonen und Neutronen und bindet sie im Atomkern. Die Quarks spüren ebenfalls die starke Kernkraft, sie werden dadurch im Proton bzw. Neutron gebunden. Die starke Kernkraft ist die stärkste Kraft der vier Grundkräfte, danach kommen die elektromagnetischer Kraft dann die schwache Kernkraft und schließlich die Gravitationskraft als schwächste Kraft.

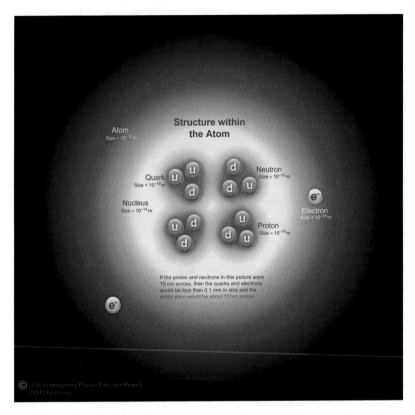

Abb. 3.2 Hier ist der Aufbau eines Atoms dargestellt. Es besteht aus Atomkern (gelb) und Elektronenhülle (blau). Der Kern ist aufgebaut aus Protonen und Neutronen, die wiederum aus je drei Quarks bestehen. Darunter ist bisher keine Substruktur nachgewiesen. Die im Text erläuterte Ortsunschärfe wird durch die diffusen Farben angedeutet

Alle vier Grundkräfte werden durch sogenannte Kraftfelder übertragen. Dies wurde im 19. Jahrhundert als erstes für die elektromagnetische Kraft vom britischen Physiker Michael Faraday vorgeschlagen. Eine elektrische Ladung erzeugt ein elektrisches Feld im gesamten Raum. Eine zweite Ladung spürt dieses Feld – je nach Art der Ladung – als eine anziehende oder abstoßende Kraft. Einsteins Theorie der Gravitation, der Allgemeinen Relativitätstheorie, liegt dasselbe Konzept zugrunde: Ein massiver Körper krümmt den Raum und erzeugt so ein

Tab. 3.1 In dieser Tabelle sind alle heute bekannten Bausteine der Materie (Fermionen mit Spin ½) abgebildet: sechs Leptonen (Elektron, Myon, Tau sowie drei verschiedene Neutrinos) und sechs Quarks (up, down, charm, strange, top, bottom). Die Leptonen haben die elektrische Ladung 0 bzw. -1, die Quarks tragen die Ladungen 2/3 bzw. $-1/3$. Die sehr unterschiedlichen Massen der Teilchen sind in den für die Teilchenphysik üblichen Einheiten von Gigaelektronenvolt angegeben (1 GeV/c² $= 9 \cdot 10^{-19}$ g)

FERMIONS		matter constituents spin = 1/2, 3/2, 5/2, …				
Leptons spin =1/2			**Quarks** spin =1/2			
Flavor	Mass GeV/c²	Electric charge	Flavor	Approx. Mass GeV/c²	Electric charge	
ν_L lightest neutrino*	$(0-2)\times10^{-9}$	0	**u** up	0.002	2/3	
e electron	0.000511	-1	**d** down	0.005	$-1/3$	
ν_M middle neutrino*	$(0.009-2)\times10^{-9}$	0	**c** charm	1.3	2/3	
μ muon	0.106	-1	**s** strange	0.1	$-1/3$	
ν_H heaviest neutrino*	$(0.05-2)\times10^{-9}$	0	**t** top	173	2/3	
τ tau	1.777	-1	**b** bottom	4.2	$-1/3$	

Gravitationsfeld, ein zweiter massiver Körper spürt dieses Feld – in diesem Fall ausschließlich als anziehende Kraft.

Die starke und schwache Kernkraft werden ganz analog durch Kraftfelder übertragen. Quarks tragen eine „Ladung", die sowohl ein Kraftfeld für die starke wie auch die schwache Kernkraft erzeugt. Sie sind außerdem elektrisch geladen und haben eine Masse (Tab. 3.1). Sie spüren also alle vier Grundkräfte. Leptonen sind elektrisch geladen bzw. im Fall von Neutrinos elektrisch neutral (Tab. 3.1). Sie tragen außerdem eine schwache Ladung, aber keine starke Ladung und sie sind massiv. Sie spüren also zwei bzw. drei der vier Grundkräfte.

Wir haben im Abschn. 3.2 gelernt, dass den physikalischen Gesetzen im Mikrokosmos eine Quantentheorie zugrunde liegt. Daher muss auch die klassische Vorstellung eines Kraftfeldes entsprechend angepasst werden. Es unterliegt

ebenso quantentheoretischen Gesetzen, die man in einer sogenannten Quantenfeldtheorie zusammenfasst. Der Welle-Teilchen-Dualismus führt dazu, dass jedes
der vier Quantenfelder auch Teilchencharakter hat. Diese Teilchen nennt man
auch Austauschteilchen bzw. Kraftteilchen. Das Kraftteilchen des elektromagnetischen Feldes heißt Photon und wird oft mit γ bezeichnet, die Kraftteilchen der
schwachen Kraft heißen W^+, W^-, Z^0, die Kraftteilchen der starken Kraft heißen Gluonen und werden mit g bezeichnet. Diese Kraftteilchen sind in Tab. 3.2
zusammengefasst. Das Kraftteilchen des Gravitationsfeldes, das Graviton, ist in
Tab. 3.2 hingegen nicht abgebildet. Umgekehrt liegt auch jedem Materieteilchen
ein Quantenfeld zugrunde, deren Quantenanregungen gerade die Materieteilchen
sind. Im Folgenden springen wir oft zwischen den Begriffen Teilchen und Feld, je
nachdem welches Konzept eingehender bzw. intuitiver ist. In einer Quantentheorie
sind sie ja die zwei Seiten einer Medaille.

Tab. 3.2 In dieser Tabelle sind alle heute bekannten Kraftteilchen, das Photon, zwei
W-Teilchen, ein Z-Teilchen und acht Gluonen angegeben. Unten rechts befindet sich
zusätzlich das Higgs-Teilchen

BOSONS
force carriers spin = 0, 1, 2, ...

Unified Electroweak spin = 1

Name	Mass GeV/c^2	Electric charge
γ photon	0	0
W^-	80.39	−1
W^+ W bosons	80.39	+1
Z^0 Z boson	91.188	0

Strong (color) spin = 1

Name	Mass GeV/c^2	Electric charge
g gluon	0	0

Higgs Boson spin = 0

Name	Mass GeV/c^2	Electric charge
H Higgs	126	0

Das Higgs-Feld/Teilchen

Das Higgs-Teilchen wurde in den 1960er Jahren von dem britischen Physiker Peter Higgs, dem amerikanisch-belgischen Physiker Alan Brout und dem belgischen Physiker François Englert vorgeschlagen, aber erst 2012 am LHC entdeckt.[3] Damit ist das Standardmodell der Teilchenphysik (vorerst) komplett. Das Higgs-Teilchen hat nun eine ganz andere Funktion. Es ist weder ein Materieteilchen noch ein Kraftteilchen, sondern generiert die Massen der anderen Teilchen. Das zugehörige Higgs-Feld ist so konstruiert, dass es einen konstanten Hintergrundwert im ganzen Raum annimmt und mit einer Quantenanregung versehen ist, die man als Higgs-Teilchen bezeichnet. Die Wechselwirkung der Teilchen mit dem Higgs-Feld generiert dann jeweils ihre Masse.

Warum ist das so kompliziert? Die Antwort kennen wir (noch) nicht, aber alle Eigenschaften dieses sogenannten Higgs-Mechanismus sind am LHC verifiziert worden. Insofern beschreibt er zunächst einmal alle beobachteten Phänomene. Es wird aber vermutet, dass leichte Teilchen mit Massen von Größenordnungen wie etwa in Tab. 3.1 und 3.2 angegeben, letztendlich nur über diesen Mechanismus überhaupt zu einer Masse kommen können. Den Mechanismus der die Masse für das Higgs-Teilchen selbst erzeugt, ist bislang auch weitgehend unverstanden.

Es gibt keinen Grund und ist heute auch keineswegs sicher, dass es nur ein solches Higgs-Teilchen gibt. Viele Physiker erwarten mehrere Higgs-Teilchen, wie sie z. B. in den im Abschn. 5.6 zu besprechenden supersymmetrischen Theorien vorhergesagt werden. Bislang ist am LHC aber nur ein Higgs-Teilchen nachgewiesen worden.

Abschließend möchten wir noch zwei weitere Konzepte der Teilchenphysik vorstellen: den Spin und die Antiteilchen bzw. Antimaterie. Der Spin eines Teilchens ist ein reines Quantenphänomen und hat keine Entsprechung in der klassischen Physik. Wir können uns den Spin daher nicht wirklich vorstellen, sondern nur mathematisch beschreiben. Am ehesten kann man ihn als einen Eigendrehimpuls eines Teilchens verstehen. Er ist ein für alle Mal festgelegt und stellt eine Grundeigenschaft jedes Teilchens dar. Für Elementarteilchen kann der Spin die Werte 0, 1/2, 1, 3/2, 2 annehmen. Teilchen mit einem halbzahligen Spin heißen Fermionen, Teilchen mit einem ganzzahligen Spin heißen Bosonen. Fermionen und Bosonen verhalten sich grundlegend verschieden. Die Quarks und Leptonen aus Tab. 3.1, also alle Bausteine der Materie, haben Spin ½, sind also Fermionen. Die Kraftteilchen aus Tab. 3.2 haben alle Spin 1, sind also Bosonen. Das

---

[3]Peter Higgs und François Englert erhielten dafür 2013 den Physik-Nobelpreis, Alan Brout war zu diesem Zeitpunkt bereits verstorben.

Higgs hat Spin 0, ist also auch ein Boson (daher auch der oft verwendete Name Higgs-Boson).

Die Quantenfeldtheorie sagt vorher, dass zu jedem Fermion jeweils ein sogenanntes Antiteilchen existiert. Dies gilt für die Quarks und Leptonen, also für die Bausteine der Materie. (Deshalb spricht man auch von Antimaterie). Die Antiteilchen haben die gleiche Masse wie die Teilchen, aber die Ladungen sind jeweils entgegengesetzt. Das erste so von Dirac 1928 postulierte Antiteilchen war das Positron, als Antiteilchen des Elektrons. Es hat die gleiche Masse, trägt aber eine positive Elementarladung im Gegensatz zum Elektron mit einer negativen Elementarladung. Das Positron wurde dann 1932 auch tatsächlich entdeckt, heute ist zu jedem Quark und Lepton das entsprechende Antiteilchen beobachtet worden. Treffen Teilchen und Antiteilchen aufeinander wandeln sie sich in Energie um, die wiederum andere Teilchen entstehen lässt. Auf diesen Prozess kommen wir in Kap. 4 zurück.

Die Urknalltheorie: das Standardmodell der Kosmologie

4

Nach diesem kurzen Ausflug in die Teilchenphysik wollen wir nun erläutern, inwieweit sich aus den bisher vorgestellten Erkenntnissen in Kosmologie und Teilchenphysik die Geschichte des Universums (schematisch dargestellt in Abb. 2.1) erfolgreich rekonstruieren lässt. Dazu greifen wir den Faden aus Kap. 2 nochmal auf und fassen kurz zusammen: Das Universum dehnt sich stetig aus und kühlt dabei ab. Am Anfang war es sehr heiß und alle Materie war in ihre elementaren Bausteine aufgelöst, wie sie in den Tab. 3.1 und 3.2 zusammengefasst sind.

Die sehr frühe Phase des Universums entzieht sich aber aus zwei Gründen bislang unserem Zugriff. Zum einen, lässt sich der Urknall selbst nicht im Rahmen der Allgemeinen Relativitätstheorie beschreiben, da die Krümmung hier den Wert unendlich annimmt. Auf die Notwendigkeit einer neuen Theorie für den Urknall soll in Kap. 5 ausführlich eingegangen werden. Zum anderen kennen wir die Bausteine der Materie streng genommen nur bis zu Energien von einigen 100 GeV, also den höchsten Energien die bisher am LHC untersucht werden konnten. Für höhere Energien können wir nur theoretische Überlegungen anstellen und daher ist eine gesicherte Beschreibung der Entwicklung des Universums erst ab einem bestimmten Zeitpunkt möglich. Dieser Zeitpunkt lässt sich aus den Einstein Gleichung zumindest approximativ berechnen. So findet man, dass wir ab ungefähr $0{,}0000000001 = 10^{-10}$ s nach dem Urknall die physikalischen Gesetze kennen und uns auf etabliertem Terrain bewegen. (In Abb. 2.1 ist der Zusammenhang zwischen Alter und Energie im Universums für weitere ausgewählte Werte angegeben.) Lediglich die unvorstellbare kleine Zeitspanne von 10^{-10} s lässt sich bislang mit unserem gesicherten Wissen nicht beschreiben. Im Folgenden soll daher die Rekonstruktion der Geschichte des Universums und sein heutiges Erscheinungsbild aus einem angenommenen Anfangszustand bei 10^{-10} s

J. Louis, *Mit der Stringtheorie zum Urknall,* essentials, https://doi.org/10.1007/978-3-658-32520-6_4

nach dem Urknall vorgestellt werden. In Kap. 6 geht es dann um die Phase davor, also vom Urknall bis 10^{-10} s danach.

4.1   Die Bildung von Wasserstoff und Helium

Wir verfolgen die Geschichte des Universums jetzt nicht in der Zeit rückwärts, sondern springen gedanklich auf den Zeitpunkt 10^{-10} s nach dem Urknall und beschreiben ab da die Expansion. Zu dieser Zeit gab es nur eine dichte „Suppe" aus elementaren Bausteinen und ihren Wechselwirkungen aus Tab. 3.1 und 3.2. Diesen Zustand bezeichnet man nach den prominentesten Teilnehmern als „Quark-Gluon-Plasma". Wenn sich das Universum jetzt weiter ausdehnt und gleichzeitig abkühlt, läuft eigentlich immer das gleiche Phänomen ab. Sinkt die Temperatur bzw. Energie unter eine bestimmte Energieschwelle, dann bilden sich die energetisch günstigeren gebundenen Zustände. Das ist ganz analog zur Kondensation von Wasserdampf zu Wasser bei ca. 100° C bzw. zum Gefrieren von Wasser zu Eis bei ca. 0° C. Senkt man die Temperatur, wird eine andere Form bzw. ein anderer Zustand derselben Materie energetisch bevorzugt – ein Phänomen, das man „Phasenübergang" nennt. Das erste Beispiel für solch einen Phasenübergang im Universum ist die Bindung der Quarks in Protonen und Neutronen. Bei etwa 10^{-4} s überwiegt die anziehende Kraft der Gluonen gegenüber der durch die hohe Temperatur verursachten Wärmebewegung der einzelnen Quarks. (Dieser Schritt ist in der 2. Kreisscheibe in Abb. 2.1 dargestellt.) Im nächsten Schritt, innerhalb der ersten Minute, bilden sich leichte Atomkerne, insbesondere Helium- und Wasserstoffkerne (3. Kreisscheibe in Abb. 2.1). Aus den teilchenphysikalischen Gesetzen lässt sich nun quantitativ eine Verteilung von Helium- und Wasserstoffkernen im Universum im Verhältnis 1:9 berechnen. Diese Verteilung wird in der Tat beobachtet und gilt als eine erste Bestätigung der Urknalltheorie.

Ein Aspekt in dieser Phase ist bis heute nicht verstanden. Wir haben in Kap. 3 erwähnt, dass es zu jedem Materieteilchen ein Antiteilchen gibt. Im frühen Universum gab es genauso viele Teilchen wie Antiteilchen – heute beobachten wir im Kosmos jedoch nur Teilchen bzw. Materie, aber keine Antiteilchen bzw. Antimaterie. In der frühen Phase des Universums muss es daher einen Mechanismus gegeben haben, der Materie gegenüber Antimaterie bevorzugte. (Im Fachjargon spricht man von der Baryogenese.) Es gibt verschiedene, auch plausible Überlegungen zu diesem Punkt, aber bislang keine etablierte Theorie. In der Rekonstruktion des heutigen Universums aus dem Urknall bleibt dieser Aspekt eine zu lösende Annahme.

4.2   Die Kosmische Hintergrundstrahlung

Nach den eben beschriebenen ersten Minuten passierte lange nichts, das Universum dehnt sich weiter aus und kühlt weiter ab. Nach ca. 370.000 Jahren wird die elektrische Kraft gegenüber der Temperatur dominant, aus Wasserstoff- bzw. Heliumkernen bilden sich die entsprechenden Atome. Bis dahin war die Wechselwirkung zwischen Strahlung (also Photonen) und Materie (also Quarks und Leptonen) so dominant, dass sich Strahlung nicht frei ausbreiten konnte. Durch die Bildung von Atomen wird das Universum nun schlagartig durchsichtig für Strahlung (dargestellt in der 4. Kreisscheibe von Abb. 2.1).

Diese sogenannte kosmische Hintergrundstrahlung trifft auch heute noch kontinuierlich auf die Erde. Sie wurde 1964 von den beiden amerikanischen Astronomen Arnold Penzias und Robert Wilson mit einer Temperatur von 2,7 K (= −270,3° C) mehr oder weniger zufällig entdeckt. (0 K = −73°C bezeichnet den absoluten Nullpunkt, die tiefste mögliche Temperatur.) Dabei handelt es sich um eine elektromagnetische Strahlung, die in alle Himmelsrichtungen fast gleich (isotrop) ist und eine maximale Intensität im Mikrowellenbereich aufweist. Sie ist, wie gerade beschrieben, eine direkte Folge der Urknalltheorie.

Die Hintergrundstrahlung ist aber eben nicht ganz isotrop, sondern weist kleine Temperaturschwankungen auf. Diese wiederum sind der Grund für die Ausbildung von Strukturen im Universum. Die vermutete Anisotropie wurde 1999 durch das satellitengestützte Experiment COBE mit der kleinen Schwankung von 0,001 % nachgewiesen und dann durch zwei weitere, wieder satellitengestützte Experimente, WMAP und PLANCK, noch präziser vermessen.[1] Die Ergebnisse von PLANCK sind in Abb. 4.1 für den ganzen Himmel gezeigt. Die verschiedenen Farben deuten die Temperaturschwankungen (rot = warm, blau = kalt) an. Aus der sorgfältigen Analyse des Spektrums dieser Temperaturschwankungen lassen sich eine Vielzahl von Erkenntnissen über das frühe Universum ziehen.

Eine davon betrifft die im Kap. 2 kurz erwähnte großräumige Struktur im heutigen Universum. Mit den gemessenen Temperaturfluktuationen gehen entsprechende Energie- bzw. Materiefluktuationen einher. Diese werden durch die anziehende Gravitationskraft verstärkt und die Materieverteilung bildet zunehmend Materieklumpen. Anders ausgedrückt, die Gravitation verstärkt die Ausbildung der anfänglichen Fluktuationen und so bilden sich nach und nach aus Schwankungen Strukturen, die wir durch die weitere Expansion des Universums heute als großräumige Strukturen wahrnehmen (Abb. 2.2). Diese Hypothese ist

---

[1]Die beiden US-amerikanischen Astrophysiker John Mather und George Smoot erhielten für diese Entdeckung den Physik-Nobelpreis 2006.

Abb. 4.1 Aufgenommene Temperaturfluktuationen mit dem PLANCK Satelliten. (©:ESA/Planck Collaboration)

mit Hilfe von Computersimulationen nachgestellt und mit dem heutigen Erscheinungsbild des Universums verglichen worden. Nimmt man an, dass der dominante Anteil der Materie im Universum aus den leuchtenden Sternen besteht[2] so zeigt sich, dass die heute beobachteten Strukturen nicht rekonstruierbar sind. Es muss eine zusätzliche, nicht leuchtende Form von Materie im Universum vorhanden sein und diese muss darüber hinaus die bekannte leuchtenden Materie in einem Verhältnis von ca. 5:1 überwiegen. Man nennt diese neue Form von Materie „Dunkle Materie" und nur in ihrer Anwesenheit gelingt eine Rekonstruktion des heute beobachteten Universums.

4.3   Dunkle Materie

Es gibt tatsächlich zwei weitere, unabhängige Hinweise auf die Existenz von Dunkler Materie: die Rotationskurven von Spiralgalaxien sowie die Beobachtung und Auswertung von Gravitationslinsen. Spiralgalaxien zeichnen sich durch ein helles Zentrum und spiralartige Arme aus, wie in Abb. 1.1 dargestellt. Die Geschwindigkeit der Arme ist für viele Spiralgalaxien gemessen worden, sie heißen im Fachjargon Rotationskurven. Weiterhin kann man aus der Helligkeit des Zentrums auf die vorhandene Masse schließen. Das Gravitationsgesetz setzt die

---

[2]In unserem Sonnensystem scheint das zuzutreffen: Die Masse der Sonne ist in etwa das 100-fache der Summer der Massen aller Planeten.

Geschwindigkeit der Arme mit der Masse im Zentrum in Verbindung. Die beiden Beobachtungen bestätigen aber diese Korrelation nicht. Eine Erklärung der Diskrepanz wäre das Vorhandensein zusätzlicher Dunkler Materie in der Galaxie. Einen weiteren Anhaltspunkt für Dunkle Materie findet sich in sogenannten Gravitationslinsen. Wir haben schon gelernt, dass die Gravitationskraft durch ein Gravitationsfeld übertragen wird. Im Gegensatz zum Newtonschen Gravitationsgesetzt wirkt die Gravitationskraft in der Einsteinschen Theorie auf alles, was Energie trägt, also auch auf Licht. Anders ausgedrückt, Licht wird im Gravitationsfeld abgelenkt und dadurch werden auch Linsenphänomene im Gravitationsfeld möglich. Wenn Licht durch eine Linse tritt, wird es abgelenkt. Diesen Effekt nutzt unser Auge, um ein Bild auf der Netzhaut zu erzeugen und wir helfen manchmal in Form einer Brille oder eines Fernrohrs nach. Den gleichen Effekt beobachtet man nun im Gravitationsfeld, wenn Licht durch große Massen abgelenkt wird. Aus der beobachteten Ablenkung kann man auf die Masse der Gravitationslinse zurückschließen und mit der Helligkeit der Linse vergleichen. Solche Gravitationslinseneffekte sind im Universum vielfach zu beobachten. Auch hier zeigt sich die Notwendigkeit von Dunkler Materie im Zentrum der Linse.

Es ist bis heute unklar, was diese Dunkle Materie genau ist. Sie spürt die Gravitationskraft, aber keine der drei anderen Grundkräfte. Insbesondere sendet sie kein Licht aus, daher der Name Dunkle Materie. Aus Sicht der Teilchenphysik vermutet man ein neues Teilchen, was dann zusätzlich in Tab. 3.1 und 3.2 auftauchen würde.

4.4   Die Entstehung von Sternen und Galaxien

Nach diesem kleinen Exkurs über Dunkle Materie kehren wir zur Geschichte des Universums zurück. Wir hatten zuletzt die beobachteten großräumigen Strukturen aus dem Zusammenspiel von Materieschwankungen und Gravitationskraft erklärt. Die ersten Sterne entstehen erst sehr viel später, etwa 400 Mio. Jahre nach dem Urknall. Wenn der Druck der Gravitationskraft größer wird als der durch die Temperatur verursachte Gasdruck, kann eine Gaswolke aus Materie kollabieren und Sterne entstehen. Dabei herrscht im Inneren des Sterns dann eine so hohe Temperatur, dass ein Fusionsprozess in Gang kommt, der die Sterne zum Leuchten bringt. Wie oben bereits beschrieben, sind die Dichtefluktuation letztendlich auch verantwortlich für die großräumige Struktur im Universum und die Anordnung von Sternen in Galaxien und Galaxienhaufen. Die vielfältige Physik der Sternentwicklung und die verschiedenen daraus entstehenden Sterntypen und Galaxien sprengt den Rahmen dieses Textes. Deshalb belassen wir es bei diesem kurzen

Absatz und verweisen auf die vorhandene Literatur. Uns interessiert ja hier auch vielmehr das ganz frühe Universum. Bevor wir uns ihm und der Stringtheorie widmen, müssen aber noch zwei Phänomene kurz erläutert werden: Schwarze Löcher und Gravitationswellen.

4.5   Schwarze Löcher

Der deutsche Astronom Karl Schwarzschild löste 1916 die Einstein-Gleichungen für ein massives punktförmiges Teilchen. Er nahm an, dass die rechte Seite der Einstein-Gleichungen, der Energie- und Impulstensor, so beschaffen ist, dass er einem ruhenden massiven, punktförmigen Teilchen entspricht. Für diesen Fall löste er die Einstein-Gleichungen und gab die entsprechende Metrik $g_{\mu\nu}$ an. Diese Metrik hat eine bemerkenswerte Eigenschaft: Licht und alle Objekte, die sich innerhalb eines bestimmten Abstands von der punktförmigen Masse befinden, können ihn nicht überqueren. Man nennt diesen Abstand den Schwarzschild-Radius. Da nichts, inklusive Licht, entkommen kann, bezeichnet man diese Lösung als Schwarzes Loch. Berechnet man den Schwarzschild-Radius für Erde, Sonne oder andere Sterne, findet man, dass er sich weit innerhalb des Planeten bzw. Sterns befindet. Nur bei sehr kompakten und sehr massiven Objekten liegt der Schwarzschild-Radius außerhalb des Objekts. Lange Zeit wurden Schwarze Löcher als eine Kuriosität der Allgemeinen Relativitätstheorie angesehen. Heute geht man davon aus, dass Schwarze Löcher zahlreich in Galaxien vorhanden sind und sich im Zentrum jeder Galaxie ein besonders „supermassives" schwarzes Loch befindet. Man hat viele indirekte Hinweise für die Existenz gesammelt und kürzlich nun auch ein „Foto" davon gemacht.[3]

4.6   Gravitationswellen

Wenn sich massive Objekte bewegen, ändert sich der Energie- und Impulstensor auf der rechten Seite der Einstein-Gleichungen entsprechend. Die Metrik $g_{\mu\nu}$ reagiert dann auf diese Veränderung und analog zu elektromagnetischen Wellen breiten sich sogenannte Gravitationswellen aus. Sie sind wellenartige Veränderungen der Raumzeit, die sich in der Metrik manifestieren. Dieses Phänomen hatte

---

[3]Das Ereignishorizontteleskop (EHT) bestehend aus acht bodengebundenen Radioteleskopen hat 2019 das erste „Bild" eines schwarzen Lochs aufgenommen. (https://www.eso.org/public/germany/images/eso1907a/).

Einstein schon 1916 als Konsequenz seiner Gleichungen bemerkt. Eine quantitative Analyse zeigt aber, dass nur bei sehr schweren Objekten solche Gravitationswellen mit heutigen Messapparaturen nachweisbar sind. Etwa 60 Jahre wurde nach ihnen gesucht, bis 2015 der erste direkte Nachweis durch LIGO (Laser Interferometer Gravitational-Wave Observatory) gelang.[4] Die gemessenen Gravitationswellen sind aus dem Verschmelzen von zwei supermassiven Schwarzen Löchern entstanden. Seither hat man verschiedene dieser Ereignisse beobachtet und somit steht uns heute eine ganz neue Strahlung zur Erkundung des Kosmos zur Verfügung. Sie ist eben keine elektromagnetische Strahlung und daher liefert sie Informationen zum einen über ganz andere Objekte im Universum, wie z. B. Schwarze Löcher, zum anderen aus anderen Phasen in der Geschichte des Universums. Man kann sagen, dass nun ein ganz neuer Beobachtungskanal in den Kosmos zur Verfügung steht. Das Feld der Gravitationswellenastronomie ist zurzeit ein sehr aktuelles und entwicklungsreiches Gebiet, dass vor allem auch das Potenzial hat, im ganz frühen Universum neue Erkenntnisse zu liefern. Darauf kommen wir im Kap. 6 zurück.

Lassen Sie uns zusammenfassen: Basierend auf etablierten physikalischen Gesetzen aus Teilchenphysik, Astrophysik, Quantentheorie und Allgemeiner Relativitätstheorie und mit Hilfe von zwei Annahmen, der Existenz von Dunkler Materie und einem Mechanismus der Baryogenese, gelingt eine erfolgreiche Rekonstruktion der Geschichte des Universums von 10^{-10} s nach dem Urknall bis heute. Hierin besteht einer der größten Erfolge der Physik der letzten 100 Jahre.

---

[4]2017 erhielten die amerikanischen Physiker Barry Barish, Kip Thorne und Rainer Weiss für diese Entdeckung den Physik-Nobelpreis.

Stringtheorie 5

Im letzten Kapitel haben wir die Entwicklung des Universums ab 10^{-10} s nach dem Urknall beschrieben. Um den wirklichen Startpunkt, den Urknall, physikalisch zu beschreiben, müssen wir nun noch diese ersten 10^{-10} s in den Griff bekommen! Wie oben erläutert, gibt es für die sehr frühe Phase im Universum bisher keine wirklich gesicherte Erkenntnisse. Wir könnten jetzt einfach etwas naiv argumentieren bzw. annehmen, dass weiterhin dieselben physikalischen Gesetze Gültigkeit hatten. So einfach ist es aber nicht, denn es gibt ein prinzipielles Problem mit diesem Argument: Die etablierten physikalischen Theorien versagen im ganz frühen Universum und können insbesondere keine widerspruchsfreie Beschreibung des Urknalls liefern. Diese Inkonsistenz wollen wir zunächst kurz erläutern.

5.1 Die Notwendigkeit einer Quantengravitation

Wir haben bereits etabliert, dass die Expansion des Universums durch die Allgemeine Relativitätstheorie (Abschn. 2.2) und der Mikrokosmos durch die Quantentheorie (Abschn. 3.2) erfolgreich beschrieben werden. Das ganz frühe Universum war nun sowohl sehr klein, aber es expandierte auch. Daher müssen beide Theorien zur Beschreibung herangezogen werden. Es zeigt sich aber, dass sie nicht miteinander vereinbar sind! Die Allgemeine Relativitätstheorie basiert auf der Riemannschen Vorstellung eines kontinuierlichen Raumes und die Gravitationskraft wird durch die Krümmung dieses Raumes hervorgerufen. In einer Quantentheorie ist der Raum aber nicht scharf festgelegt, sondern genügt der Heisenbergschen Unschärferelation aus Abschn. 3.2. Um den Raum beliebig scharf zu fassen, muss der Impuls (oder die Energie) beliebig groß werden. Impuls und

© Der/die Autor(en), exklusiv lizenziert durch Springer Fachmedien Wiesbaden GmbH, ein Teil von Springer Nature 2021
J. Louis, *Mit der Stringtheorie zum Urknall*, essentials,
https://doi.org/10.1007/978-3-658-32520-6_5

Energie rufen aber ihrerseits gerade die Raumkrümmung hervor, die dadurch auch beliebig groß werden kann. Wir sehen schon an diesen eher intuitiven Argumenten, dass die grundlegenden Konzepte beider Theorien nicht miteinander kompatibel sind. Dies lässt sich natürlich mathematisch sehr viel präziser fassen, worauf wir aber an dieser Stelle verzichten (müssen).

Im heutigen Universum zeigt sich die Unverträglichkeit der beiden Theorien nicht, denn in einem makroskopisch großen Universum können wir die Quantentheorie zu seiner Beschreibung vernachlässigen. Umgekehrt sind die Kräfte, die im Mikrokosmos wirken, also die starke und schwache Kernkraft sowie die elektromagnetische Kraft, so viel stärker als die Gravitationskraft, dass man die letztere näherungsweise gut ignorieren kann. Im ganz frühen Universum gab es aber keinen Unterschied zwischen Mikro- und Makrokosmos, sodass beide Theorien gleichzeitig relevant werden. Der entsprechende Zeitpunkt bzw. die entsprechende Größe des Universums lassen sich durch die sogenannte Planck-Zeit von 10^{-43} s bzw. die Planck-Länge von 10^{-35} m abschätzen. Wenn das auch ein unvorstellbar kleines Zeitintervall bzw. ein unvorstellbar kleiner Abstand ist, so ist doch dieses prinzipielle Problem der Unverträglichkeit der beiden Theorien vorhanden und verhindert eine widerspruchsfreie Beschreibung des Urknalls. Das bedeutet, dass die bekannten und etablierten physikalischen Gesetze sicher nicht für eine Beschreibung des Urknalls sinnvoll benutzt werden können. Stattdessen müssen sie derart abgeändert werden, dass die noch zu findende Theorie Quantentheorie und Allgemeine Relativitätstheorie vereint. Diese bisher nicht bekannte bzw. etablierte Theorie nennt man Quantengravitation.[1] Verschiedene theoretische Ansätze für eine Quantengravitation sind in den letzten 50 Jahren entwickelt worden. Aus unserer Sicht ist dabei die Stringtheorie der vielversprechendste Kandidat, weshalb wir sie an dieser Stelle kurz vorstellen.

5.2   Die Grundidee der Stringtheorie

Die Grundidee der Stringtheorie ist vergleichsweise einfach. Sie besagt, dass die Bausteine der Materie keine punktförmigen Teilchen, sondern stattdessen Strings sind. Diese Strings haben eine Längenausdehnung wie ein Faden oder die Saite einer Geige, sie haben aber keine Dicke. Sie sind somit Objekte, die in genau einer räumlichen Dimension ausgedehnt sind. Sie können offen sein und somit

---

[1]Manchmal benutzt man auch die Bezeichnung „Theory of Everything (TOE)" oder spricht von der „Weltformel"; darin drückt sich die Erwartung aus, dass eine Quantengravitation „alles" beschreibt.

zwei Endpunkte haben (wie eine Geigensaite) oder geschlossen sein, wie ein Gummiband. Diese Strings sind winzig klein und haben vermutlich eine Ausdehnung von der Größenordnung der Planck-Länge von 10^{-35} m. Das erklärt, warum sie bislang nicht direkt in teilchenphysikalischen Experimenten beobachtet werden konnten. Ihre Ausdehnung ist viel zu klein, oder anders ausgedrückt, der Teilchenstrahl am LHC ist bei weitem nicht fein genug fokussiert, um diese Ausdehnung zu bemerken bzw. nachzuweisen.

Für die Strings selbst fordert man die Gültigkeit der Gesetze der Quantentheorie. Man kann also auch sagen, dass die Stringtheorie eine Quantentheorie von räumlich ausgedehnten Objekten ist. Sie ist nach heutigem Kenntnisstand konsistent auch bzw. gerade im Bereich der Planck-Länge. Das liegt daran, dass die Ausdehnung der Strings auf natürliche Art und Weise einen fundamentalen Abstand bzw. eine fundamentale Länge in die Theorie einführt. Diese Eigenschaft „zähmt" die Heisenbergsche Unschärferelation und löst das im Abschn. 5.1 beschriebene Problem.

Ähnlich einer Geigensaite können Strings nun auf verschiedene Art und Weise schwingen. Bei einer Geigensaite entsprechen die verschiedenen Schwingungen verschiedenen Tönen der Tonleiter, in einer Quantentheorie von Strings sind aber nur ganz bestimmte Schwingungen möglich. Sie werden mit den Teilchen der Teilchenphysik identifiziert und können so insbesondere den Elementarteilchen aus Tab. 3.1 und 3.2 entsprechen. Ein String hat aber viel mehr, genauer unendlich viele Schwingungsanregungen. Fast alle davon entsprechen aber sehr schweren Teilchen – so schwer, dass sie in den bisherigen Beschleunigern noch nicht erzeugt werden konnten. Somit widersprechen sich Standardmodell und Stringtheorie nicht: Die Stringtheorie sagt unendlich viele neue Teilchen voraus, sie erklärt aber gleichzeitig auch, warum sie noch nicht beobachtet werden konnten.

Unter den unendlich vielen Schwingungsanregungen eines Strings gibt es immer endlich viele Anregungen, die leichten Teilchen entsprechen, wie z. B. denen des Standardmodells. In der Regel hat eine Stringtheorie aber mehr leichte Teilchen als das Standardmodell. Darunter könnte z. B. ein Teilchen sein, dass der dunklen Materie entspricht, oder auch mehrere Higgs-Teilchen. In diesem Kapitel werden wir weitere vermutete Teilchen kennenlernen, die über das Standardmodell hinausgehen. Auch sie könnten Schwingungsanregungen des Strings sein. Die Stringtheorie eröffnet also ganz natürlich die Möglichkeit einer Erweiterung des Standardmodells, wie sie aufgrund verschiedenster Überlegungen nahegelegt wird und die im Abschn. 5.6 vorgestellt werden.

Die Stringtheorie vereinfacht sich radikal, wenn die vermessenen Abstände in einem physikalischen Prozess (z. B. in einer Teilchenkollision) größer sind als die

Planck-Länge. Das ist für uns interessant, da alle bisher beobachteten Prozesse in der Teilchenphysik genau diese Eigenschaft haben. In diesem Fall, also für „große" Abstände, zerfällt die Stringtheorie in eine Quantentheorie von Teilchen und die Allgemeine Relativitätstheorie. Damit beseitigt sie nicht nur die Inkonsistenz bei kleinen Abständen, sondern beinhaltet auch die bekannte Quantentheorie von Teilchen und die Allgemeine Relativitätstheorie als Grenzfall bei „großen" Abständen. Damit ist die Stringtheorie ein Kandidat für eine Quantengravitation, die die etablierten Theorien in einem ganz genau spezifizierten Sinn vereint.

Der Vorschlag des Aufbaus der Materie in der Stringtheorie ist nochmal in Abb. 5.1 zusammengefasst: Materie besteht aus Atomen, die wiederum bestehen aus Kern und Elektronenhülle, der Kern besteht aus Protonen und Neutronen, die

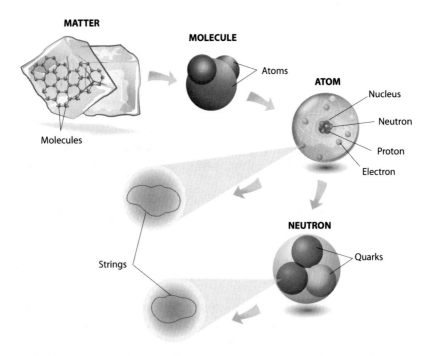

Abb. 5.1 Strings als Bausteine der Materie. (Bildnachweis: Designua/shutterstock.com)

wiederum aus Quarks aufgebaut sind. Quarks und Elektronen bzw. allgemeiner Quarks und Leptonen sind unterschiedliche Schwingungsanregungen eines neuen fundamentalen Objekts, des Strings. Die Strings konnten bislang nicht direkt in teilchenphysikalischen Experimenten beobachtet werden, da ihre Ausdehnung für die momentan erzielte Auflösung viel zu klein ist.

5.3 Offene Fragen der Stringtheorie

Löst damit die Stringtheorie alle unsere Probleme? Leider noch nicht. Bislang gibt es noch keine mathematisch rigorose Formulierung der Stringtheorie. Vermutlich muss dazu auch ein neuer Bereich innerhalb der Mathematik entwickelt werden – ähnlich wie seinerzeit in der Quantentheorie. Erste Ansätze dazu gibt es (z. B. die sogenannte Quantengeometrie), aber sie sind bislang noch nicht uneingeschränkt auf die Stringtheorie anwendbar. Deshalb haben wir weiter oben auch etwas defensiv formuliert, dass die Konsistenz der Stringtheorie „nach heutigem Kenntnisstand" vorliegt. Im Rahmen einer rigorosen mathematischen Formulierung, würde man diese Konsistenz gerne allgemein beweisen.

Um ein zweites, direkt damit zusammenhängendes Problem vorzustellen, machen wir einen kurzen Ausflug in die Natur von physikalischen Theorien. In der Regel werden sie durch eine (oder mehrere) mathematische Gleichung(en) charakterisiert. Diese formuliert mathematisch die physikalischen Gesetze. Dazu gibt es meist eine „sprachliche Interpretation", die erklärt, wie die Gleichung anzuwenden ist. Ein Beispiel sind die Gravitationstheorien von Newton bzw. Einstein. In beiden Versionen sind jeweils mathematische Gleichungen, wie in beiden Fällen im Abschn. 2.2 angegeben, das zentrale Element der Theorie. Sie drücken mathematisch präzise das jeweilige Gravitationsgesetz aus. Für ein konkretes physikalisches Problem muss man dann diese Gleichungen lösen. Will man z. B. die Bahn der Erde um die Sonne berechnen, löst man das Newtonsche Kraftgesetz entsprechend.[2] Worauf wollen wir hinaus? In einer physikalischen Theorie gibt es in der Regel eine zentrale Gleichung, die aber meistens viele, häufig sogar unendliche viele Lösungen hat. Welche Lösung zur Anwendung kommt, liegt dann am jeweils konkreten physikalischen Problem.

Oftmals hängen die physikalischen Lösungen einer Theorie auch von einer oder mehreren konstanten Größen ab, die man Parameter der Lösung nennt. Als Beispiel seien nochmals die Ellipsenbahnen der Planeten um die Sonne genannt.

---

[2]Genauer: Man löst das Newtonsche Kraftgesetz $F = m \cdot a$, wobei a die Beschleunigung der Erde und F die ausgeübte Gravitationskraft der Sonne ist.

Jede Ellipsenbahn beliebiger Größe ist eine Lösung der Newton-Gleichung. Die Größe bzw. Form einer Ellipse kann man durch zwei solche Parameter beschreiben: die große und kleine Halbachse. Für jeden Wert dieser Halbachsen liegt eine Lösung der Newton-Gleichung vor. Man hat also unendlich viele Lösungen, die durch die Werte dieser zwei Parameter charakterisiert werden. Für die Planetenbahnen in unserem Sonnensystem liegen diese Parameter fest, sie sind bereits vom deutschen Naturforscher Johannes Kepler beobachtet und festgestellt worden. Es könnten aber auch beliebige andere Werte sein, die Ellipsenbahnen wären immer noch Lösungen der Newton-Gleichung. Anders ausgedrückt, in anderen Sonnensystemen bewegen sich die Planeten auch auf Ellipsenbahnen, sehr wahrscheinlich aber mit ganz anderen Werten der Halbachsen.

Wir fassen nochmal zusammen: Physikalische Theorien werden durch ein oder mehrere mathematische Gleichungen charakterisiert, diese haben in der Regel unendlich viele Lösungen, die sich oftmals durch die Abhängigkeit von (mehreren) kontinuierlichen Parametern ausdrücken. Diese Parameter fasst man gerne als Koordinaten eines abstrakten Parameterraums auf. Im Falle der Ellipsenbahnen wäre der Parameterraum zweidimensional mit großer und kleiner Halbachse als den beiden Koordinaten. Wie wir gleich sehen werden, hat auch die Stringtheorie einen unendlich dimensionalen Lösungsraum.

Eine weitere Schwierigkeit ergibt sich aus der Komplexität des physikalischen Problems. Die Bewegung eines Planeten um die Sonne ist in Newtons Theorie lösbar. Nimmt man aber einen zweiten Planeten hinzu, ist zusätzlich zur Anziehungskraft zwischen Sonne und Planeten, auch noch die Anziehungskraft zwischen den beiden Planeten zu berücksichtigen. In diesem Fall kann die Newton-Gleichung nicht mehr exakt gelöst werden. Jetzt müssen wir dazu übergehen, Lösungen zu finden, die nur näherungsweise richtig sind. Nun ist die Anziehungskraft zwischen zwei Planeten sehr klein, viel, viel kleiner als die Anziehungskraft zwischen der Sonne und den Planeten. In einem ersten Schritt kann daher die Anziehungskraft zwischen den beiden Planeten vernachlässigt und eine brauchbare Lösung berechnet werden, die schon sehr gut die wirklichen Bahnen der Planeten beschreibt. In einem nächsten Schritt kann dann die Anziehungskraft zwischen den beiden Planeten näherungsweise berücksichtigt werden. Man identifiziert einen kleinen Parameter (z. B. das Verhältnis der Massen oder den reziproke Abstand der beiden Planten) und löst die Newton-Gleichung bis zu einer festen Potenz dieses kleinen Parameters. Dieses Verfahren kann dann (analytisch oder numerisch) bis zu einer beliebigen Potenz durchgeführt werden. So entsteht eine Näherungslösung, die der exakten Lösung beliebig nahekommen kann, aber sie nie ganz erreicht. Die „Kunst" der Physik besteht oft darin, ein komplexes Problem so zu vereinfachen, dass es die Wirklichkeit noch hinreichend gut abbildet, aber gleichzeitig mathematisch handhabbar ist.

In der Allgemeinen Relativitätstheorie verhält es sich genauso. Die Einstein-Gleichungen sind die zentralen Gleichungen der Theorie und sie haben zahlreiche Lösungen. Diese Lösungen beschreiben in der Regel ein bestimmtes Gravitationsfeld oder zum Beispiel ein expandierendes Universum. Auch hier sind die Lösungen selten exakt bekannt, sondern meist nur unter bestimmten vereinfachenden Annahmen. Eine prominente Annahme der Allgemeinen Relativitätstheorie ist ein fast flacher Raum, oder in anderen Worten ein Raum, dessen Raumkrümmung nur sehr klein ist. In diesem Fall ist die Raumkrümmung der kleine Parameter und eine approximative Lösung kann mit beliebiger Genauigkeit angegeben werden.

In der Stringtheorie sind wir uns zwar noch nicht ganz sicher, ob wir die zentralen Gleichungen wirklich schon in der Hand haben, aber eine Vielzahl verschiedener Lösungen deutet sich allein schon für den flachen Raum an. Viele davon sind auch Lösungen für Räume mit kleiner Krümmung. Darüber hinaus hängen sie von einer geradezu erdrückenden Vielzahl von Parametern ab, die diskrete und kontinuierliche Werte annehmen können.[3] Der Urknall entspricht nun aber gerade nicht einem flachen Raum, sondern die Krümmung wird unendlich groß. Das heißt, dass oben beschriebene Näherungsverfahren (bekannt unter dem Namen „Störungstheorie") ist nicht anwendbar, da kein kleiner Parameter existiert. Selbst wenn wir also die richtigen Gleichungen hätten, könnten wir noch nicht notwendigerweise ihre Lösungen für alle Parameterwerte angeben. Dies ist das zweite Problem der Stringtheorie heute: Die vielen Lösungen der Stringtheorie sind fast nur für nahezu flache Räume bekannt.

Viele dieser Lösungen könnten eine Verallgemeinerung des Standardmodells der Teilchenphysik sein. Viele dieser Lösungen könnten ein Universum beschreiben – ein Gedanke, den wir in Abschn. 6.2 nochmal im Detail aufgreifen. Im Fachjargon spricht man von der „Landschaft der Stringlösungen". Die Vielzahl der unbestimmten Parameter entsprechen Hintergrundwerten von Feldern mit Spin 0. Dieser Situation sind wir schon im Standardmodell der Teilchenphysik begegnet, wo auch ein Teilchen bzw. Feld mit Spin 0, das Higgs-Boson bzw. das Higgs-Feld, einen Hintergrundwert hat, der die Massen der anderen Teilchen generiert. Hintergrundwerte von Feldern spielen nun in der Stringtheorie eine

---

[3]Eine genaue Abschätzung der Anzahl der Parameter bzw. Parameterwerte ist schwierig, da wir den gesamten Lösungsraum (noch) nicht kennen. Abhängig von den jeweiligen Annahmen kommt man aber auf Größenordnungen wie 10^{100} oder 10^{500} verschiedene Parameterwerte. Das sind so unvorstellbar viele, dass man sich auch guten Gewissens unendlich viele Parameterwerte vorstellen kann.

wichtige Rolle und treten regelhaft und in großer Vielzahl auf – das Higgs-Feld ist dabei nur ein Beispiel von vielen.

Ein weiteres Problem ist die Tatsache, dass heute fünf verschiedene konsistente Stringtheorien bekannt sind. Sie tragen die Namen Typ I, Typ IIA, Typ IIB, Heterotisch $E_8 \times E_8$, Heterotisch SO(32) und unterscheiden sich im Spektrum der Schwingungen der Strings. Es erscheint etwas unbefriedigend, dass es fünf verschiedene Quantengravitationen geben könnte. 1995 hat der amerikanische Physiker Edward Witten den Vorschlag gemacht, dass diese fünf Stringtheorien in Wahrheit nur verschiedene Regionen im Parameterraum einer fundamentalen Theorie sind. Diese Region zeichnen sich dadurch aus, dass sie jeweils einer kleinen Raumkrümmung entsprechen und deshalb mit den bislang etablierten Methoden untersucht werden können. Witten vermutete weiter, dass Regionen einer starken Raumkrümmung der einen Theorie identisch sind mit Regionen einer kleinen Raumkrümmung in einer anderen Stringtheorie. Für solche Situationen gibt es in der Physik viele Beispiele und man fasst sie (vielleicht etwas unpräzise) unter dem Begriff „Dualität von Theorien" zusammen. Bislang hat diese Vermutung allen Überprüfungen standgehalten und die meisten Stringtheoretiker gehen davon aus, dass sie wahr ist. Bewiesen ist sie aber keineswegs, sondern hat den Status einer „sehr gut motivierten Vermutung". Im Folgenden wollen wir uns dieser Sichtweise anschließen und weiter von einer Stringtheorie sprechen, meinen aber damit die Gesamtheit der fünf, wahrscheinlich parametrisch verbundenen Stringtheorien. Dieser einen fundamentalen Theorie, die alle fünf Stringtheorien einschließt, hat Witten den Bezeichnung M-Theorie gegeben, die wir aber im Folgenden nicht weiter benutzen werden.

Daraus ergeben sich nun mehrere Fragen: Wer oder was wählt zwischen den verschiedenen Lösungen, wer oder was legt die freien Parameter bzw. Hintergrundwerte fest? Wo befindet sich unser Universum in dieser Landschaft der Stringlösungen? Welche Lösung (welchen Teil der Landschaft) sollen wir denn untersuchen, solange wir die Antwort auf diese Fragen nicht kennen. Es haben sich hier drei Strategien herausgebildet, die alle mit fast gleicher Intensität verfolgt werden:

1. Wir arbeiten an einer mathematisch und physikalisch rigorosen Formulierung der Stringtheorie. Dadurch würde sich ein sehr viel besseres konzeptionelles Verständnis der Theorie einstellen. Es ist sicher denkbar, dass die Vielzahl der Lösungen nur eine Folge unseres unvollständigen Kenntnisstandes der Stringtheorie ist. In einer rigoros definierten Stringtheorie könnte sich die Anzahl der Lösungen reduzieren und auch ein Mechanismus, der zwischen

Lösungen wählt, könnte entdeckt werden. Aber da sind wir noch nicht und der Fortschritt auf diesem Gebiet ist vergleichsweise langsam.

2. Unter allen möglichen, bisher bekannten Lösungen untersucht man diejenigen, die tatsächlich eine Erweiterung des Standardmodells der Teilchenphysik darstellen bzw. unser Universum beschreiben könnten. Das heißt, diese Lösungen müssen auf jeden Fall das Standardmodell bzw. unser Universum enthalten.

3. Wir untersuchen insbesondere Lösungen, die zwar den Punkt 2 nicht erfüllen, an denen aber ein Mechanismus, der zwischen Lösungen wählt, vielversprechend untersucht werden kann.

Fast alle der im Folgenden zu diskutierenden Aspekte, hängen mehr oder weniger eng mit einer dieser drei Strategien zusammen.

5.4   Zusätzliche Raumdimensionen

Obwohl die Stringtheorie konzeptionell noch nicht hinreichend gut verstanden ist, hat sie Eigenschaften, die erwähnenswert, interessant und zum Teil auch spektakulär sind. Sie legt zum Beispiel einen höher-dimensionalen Raum nahe. Der Mensch nimmt einen drei-dimensionalen Raum (den sogenannten Ortsraum) wahr: hoch-tief-breit, mathematisch oft durch x-, y- und z-Achse beschrieben. Die Stringtheorie eröffnet nun die Möglichkeit, dass es darüber hinaus weitere Raumdimensionen gibt (siehe Abb. 5.2), sechs zusätzliche, also insgesamt neun Raumdimensionen ist dabei eine durch die Stringtheorie suggerierte Zahl. Die zusätzlichen Dimensionen sind aber nicht ausgedehnt, sondern klein und kompakt, vermutlich von der Ausdehnung der Planck-Länge. Daher kann der Mensch sie nicht wahrnehmen und auch in teilchenphysikalischen Experimenten konnten sie noch nicht nachgewiesen werden. Die Teilchenstrahlen am LHC sind nicht fein genug fokussiert, um in diese zusätzlichen Dimensionen einzudringen. Es wird aber regelhaft nach Anzeichen für solche weiteren Raumdimensionen gesucht.

An jedem Raumpunkt bzw. in jedem Planck-Volumen unserer dreidimensionalen Welt befindet sich nach der Vorstellung der Stringtheorie also ein kompakter sechs-dimensionaler Raum. Diese Situation versucht Abb. 5.2 vereinfacht darzustellen. Die Idee einer weiteren Raumdimensionen war in den 1920er Jahren bereits vom deutschen Physiker und Mathematiker Theodor Kaluza und dem schwedischen Physiker Oskar Klein zur vereinheitlichten Beschreibung von Allgemeiner Relativitätstheorie und Elektromagnetismus vorgeschlagen worden. Die Eigenschaften der elektromagnetischen Wechselwirkungen lassen sich im Rahmen von solchen Kaluza-Klein Theorien als Eigenschaften der zusätzlichen

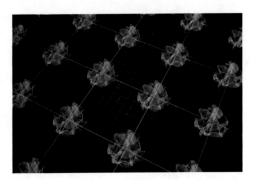

Abb. 5.2 Der dreidimensional Ortsraum ist hier als zweidimensionale Fläche durch Gitterlinien angedeutet. An jedem Raumpunkt befindet sich ein sechsdimensionaler Calabi-Yau Raum. Solche zusätzlichen Raumdimensionen sind eine der Vorhersagen der Stringtheorie. (Bildnachweis: vchal/shutterstock.com)

Raumdimension beschreiben. Dadurch werden beide Kräfte, Gravitationskraft und elektromagnetische Kraft, als geometrische Eigenschaft des Raumes verstanden. Dieser Vorschlag ließ sich aber in seiner ursprünglichen Form nicht in die Entwicklung der Teilchenphysik mit der Entdeckung der Kernkräfte einbauen. Die faszinierende Idee von weiteren Raumdimensionen wurde aber in verschiedenen Varianten immer wieder aufgegriffen, wenn auch erfolglos. Im Rahmen der Stringtheorie erlangte sie neue Popularität und ist bis heute eine ihrer wesentlichen Eigenschaften. Auch hier bestimmen geometrischen Eigenschaften der zusätzlichen Raumdimensionen die Eigenschaften und Wechselwirkungen der Teilchen.

Die sechs kompakten Dimensionen sind keineswegs beliebig, sondern müssen die Gleichungen der Stringtheorie erfüllen. Dadurch ergeben sich Bedingungen an die mögliche Krümmung des sechs-dimensionalen Raumes. Sie müssen nicht flach sein, aber Ricci-Tensor und Ricci-Skalar, die wir im Abschn. 2.2 im Zusammenhang mit den Einstein-Gleichungen eingeführt hatten, sind empfindlich eingeschränkt. Die Situation von gekrümmten, kompakten Räumen mit Einschränkungen an Ricci-Tensor und Ricci-Skalar wird in der Mathematik bis heute vielfach untersucht. Ein prominentes Beispiel der Stringtheorie sind sogenannte Calabi-Yau-Räume (Abb. 5.2), für die Ricci-Tensor und Ricci-Skalar gleich Null sind, die aber trotzdem gekrümmt sind. Die mathematische Existenz von kompakten Räumen mit dieser Eigenschaft ist vom italienischen Mathematiker Eugenio

Calabi 1954 vermutet und 1977 vom chinesischen Mathematiker Shing-Tung Yau bewiesen worden.

5.5 Stringtheorie und Mathematik

An dieser Stelle bietet es sich vielleicht an, einen kurzen Ausflug in das Verhältnis von Physik und Mathematik zu unternehmen. Es ist Jahrhunderte alt und in vielerlei Hinsicht eine Liebesbeziehung: Die Physik kommt ohne die Mathematik nicht aus, sie ist Teil ihrer Sprache. Im 20. Jahrhundert hat die Mathematik nochmal deutlich an Bedeutung für die Physik gewonnen, da die beiden zentralen Theorien, Allgemeine Relativitätstheorie und Quantentheorien, die Vorstellungen des Menschen weitgehend ignorieren und daher sehr viel stärker auf mathematischen Konzepten basieren. Umgekehrt liefert die Physik der Mathematik interessante Probleme und Fragestellungen, die sie befruchtet und weiterentwickelt. Physiker haben eine „Intuition" für die mathematische Beschreibung der Natur entwickelt und auch dadurch entstehen immer neue, durch die Physik inspirierte Zweige der Mathematik.

In der Allgemeinen Relativitätstheorie bediente sich Einstein der Riemannschen Geometrie, die im Wesentlichen bereits fertig ausgearbeitet war. Dadurch konnte er seine Theorie quasi im Alleingang und in wenigen Jahren fertigstellen. Mit der Quantentheorie war es hingegen ganz anders. Hier gab es die notwendige Mathematik noch nicht, sondern sie wurde erst nach und nach entwickelt. Deshalb hat die Formulierung der Quantentheorie auch mehrere Jahrzehnte und den Beitrag vieler Wissenschaftlerinnen und Wissenschaftler in Anspruch genommen. Manch einer würde mit einem gewissen Recht sagen, dass sie bis heute noch nicht abgeschlossen ist.

Mit der Stringtheorie verhält es sich ähnlich: Die Mathematik ist vielfach noch nicht entwickelt, in anderen Bereichen haben physikalische Einsichten entscheidende Fortschritte in der Mathematik bewirkt. Seit den 1990er Jahren gibt es daher eine lang nicht mehr erlebte Zusammenarbeit zwischen Physik und Mathematik. Die Theorie der Calabi-Yau-Räume ist nur ein Beispiel von vielen.

5.6 Vereinheitlichung: Erweiterungen des Standardmodells

Wie oben berichtet, ist das Standardmodell der Teilchenphysik eine der am besten bestätigten Theorien der Physik. Dennoch wird seit den 1970er Jahren über

mögliche Erweiterungen intensiv spekuliert. Ein Grund sind die vielen ad hoc
Annahmen der Theorie, z. B. werden die Teilchen mit ihren Eigenschaften in
Tab. 3.1 und 3.2 angegeben, es bleibt aber unklar, warum es gerade diese Teilchen
mit diesen Eigenschaften sind oder ob es etwa noch mehr gibt. Da das Standardmodell experimentell aber so gut bestätigt ist, können solche Erweiterungen nur
bei Energien auftreten, die bisher am LHC nicht erreicht wurden. Wir wollen hier
nur zwei Beispiele kurz vorstellen, weil diese in der Stringtheorie bzw. im frühen
Universum relevant sein könnten.

Das erste Beispiel sind Supersymmetrische Theorien, die in den 1970er Jahren
von dem österreichischen Physiker Julius Wess und dem italienischen Physiker
Bruno Zumino maßgeblich entwickelt wurden. Diese Theorien postulierten eine
Symmetrie zwischen Bosonen und Fermionen. Anders ausgedrückt, zu jedem
Teilchen in Tab. 3.1 und 3.2 sollte es jeweils ein sogenanntes supersymmetrisches
Partnerteilchen geben. Keines dieser Partnerteilchen ist bisher gefunden worden,
trotz intensiver Suche am LHC. Das könnte aber auch bedeuten, dass diese Partnerteilchen sehr viel schwerer als die Teilchen aus Tab. 3.1 und 3.2 sind und
deshalb am LHC noch nicht produziert bzw. nachgewiesen werden konnten.

Was war die Motivation zur Entwicklung von supersymmetrischen Theorien? Zunächst einmal ist die Möglichkeit der mathematischen Existenz solcher
Theorien überraschend, da sie sich auf einen ersten Blick ganz und gar nicht
erschließt. Mehrere Eigenschaften von Quantenfeldtheorien spielen hier subtil
zusammen und machen solche Theorien möglich bzw. mathematisch konsistent.
In der Geschichte der Physik hat sich immer wieder gezeigt, dass mathematisch
sinnvolle physikalische Theorien in der Natur auch Anwendung finden.

Supersymmetrie spielt aber auch in der Stringtheorie eine zentrale Rolle. Alle
bisher bekannten Stringtheorien weisen diese Symmetrie zwischen Bosonen und
Fermionen auf. Das heißt in der Regel findet man nicht das Standardmodell der
Teilchenphysik als Lösung der Stringtheorie, sondern eine supersymmetrische
Erweiterung.

Supersymmetrische Theorien sind auch aus anderen Gründen interessant. Sie
sagen eine Vielzahl neuer Teilchen voraus, eines davon könnte die Dunkle Materie sein. Und sie erklären, wie es überhaupt ein Higgs-Boson mit der gemessenen,
vergleichsweise kleinen Masse geben kann. Allerdings bestand die starke Erwartung, dass supersymmetrischen Teilchen am LHC gefunden werden. Das hat sich
bislang nicht bestätigt und so ist es um die Supersymmetrie etwas ruhiger geworden. Es ist eine interessante Frage, ob die supersymmetrischen Teilchen einfach
nur schwerer sind als erwartet und deshalb am LHC noch nicht gefunden worden,
oder ob die Theorie in der Teilchenphysik keine Rolle spielt.

Eine andere Klasse von Theorien, sogenannte Große Vereinheitlichte Feldtheorien, wurden in den 1970er Jahren von den beiden amerikanischen Physikern Howard Georgi und Sheldon Glashow vorgeschlagen. Hier besagt die Grundidee, dass sich alle vier Grundkräfte bei kleinen Abständen zu einer einzigen fundamentalen Kraft vereinen und wir sie nur bei „großen" Abständen als vier unterschiedliche Kräfte wahrnehmen. Konkret bestand der Vorschlag in einer Vereinigung der beiden Kernkräfte mit der elektromagnetischen Kraft, zunächst aber ohne die Gravitationskraft. Diese Vereinigung sollte bei einem Abstand von 10^{-31} m sichtbar werden. Solche Abstände sind am LHC zwar nicht aufzulösen, diese Theorien machen aber eine spektakuläre Vorhersage: die Instabilität des Protons. Damit wäre alle Materie letztendlich instabil und würde zerfallen. Den Zerfall des Protons versucht man seither nachzuweisen, aber bislang ohne Erfolg. Das könnte aber an der Unsicherheit liegen, bei welchen genauen Abständen die Vereinheitlichung der Kräfte einsetzt. Viele Lösungen der Stringtheorie entsprechen tatsächlich Großen Vereinheitlichten Feldtheorien. In gewissem Sinne findet dann auch eine Vereinheitlichung mit der Gravitationskraft bei der Planck-Länge statt.

5.7 Stringtheorie und Dunkle Energie

Im Abschn. 2.1 haben wir bereits auf die heute beobachte beschleunigte Ausdehnung des Universums hingewiesen, für die es zwei mögliche Ursachen gibt. Zum einen eine kosmologische Konstante in Form eines Λ-Terms, wie er in den Einstein-Gleichungen im Abschn. 2.2 auftritt. Alle bisherigen Beobachtungen sind mit dieser Hypothese vereinbar – sie ist zurzeit auch die einfachste Erklärung. Wir hatten in Abschn. 2.2 bemerkt, dass Einstein in seiner speziellen Relativitätstheorie den dreidimensionalen Ortsraum zusammen mit der Zeit in einer vierdimensionalen Raumzeit zusammenfasst. Die Anwesenheit eines Λ-Terms besagt nun, dass die vierdimensionale Raumzeit (nicht der dreidimensionale Ortsraum) eine konstante Krümmung aufweist. Raumzeiten mit einer konstanten Krümmung sind nach dem niederländischen Astronomen Willem de Sitter benannt. Bei einer positiven Krümmung spricht man von einer de-Sitter-Raumzeit, bei einer negativen Krümmung von einer anti-de-Sitter-Raumzeit. Die Beobachtung der beschleunigten Expansion des Universums entspricht einer de-Sitter-Raumzeit.

Eine alternative Erklärung wäre die Existenz einer neuen Form von Materie, die zum Energie-Impulstensor $T_{\mu\nu}$ auf der rechten Seite der Einstein-Gleichungen beiträgt und den gleichen Effekt wie ein Λ-Terms hat. Diese Möglichkeit wird seit einigen Jahren intensiv untersucht und ist die bevorzugte Situation in der

Stringtheorie. Auch hier unterscheidet man zwei Fälle. Der Λ-Terms entspricht dem konstanten Hintergrundwert eines Teilchens mit Spin 0, wie wir es oben beschrieben haben. Eine zweite Möglichkeit besteht darin, dass dieser Hintergrundwert nicht konstant ist, sondern sich zeitlich sehr langsam ändert. Zurzeit gibt es viel diskutierte Argumente, dass nur diese zweite Möglichkeit in der Stringtheorie auftreten kann. Diese Diskussion ist aber noch nicht abgeschlossen.

Das sehr frühe Universum vom Urknall bis zu 10^{-10} Sekunden

6

Wir kommen jetzt zurück zum Universum und wollen überlegen, was wir mithilfe der Stringtheorie über das sehr frühe Universum vom Urknall bis zu ca. 10^{-10} s aussagen können. Wie schon mehrfach erwähnt, verlassen wir jetzt den Bereich gesicherter Erkenntnis und fangen an zu spekulieren. Dabei müssen wir grundlegend die Planck-Ära, also die Zeit bis 10^{-43} s, von der Zeit zwischen Planck-Ära und 10^{-10} s unterscheiden. Wir wollen im Folgende diese zweite Phase der Einfachheit halber Post-Planck-Ära nennen.[1] In der Planck-Ära brauchen wir notwendig eine Quantengravitation, also z. B. die Stringtheorie. In der Post-Planck-Ära können wir mit Quantentheorie und Allgemeiner Relativitätstheorie hantieren, was auch in den vergangenen 40 Jahren ausgiebig gemacht worden ist.

6.1 Post-Planck-Ära und Inflation

Die Physik dieser Phase, also zwischen 10^{-43} und 10^{-10} s, hängt natürlich davon ab, auf welche Art und Weise das Standardmodell der Teilchenphysik erweitert und bei welcher Energie diese Erweiterung sichtbar wird. In Abschn. 5.5 hatten wir zwei prominente Beispiele kennen gelernt und die resultierenden kosmologischen Implikationen sind vielfältig untersucht worden. Hier wollen wir uns auf eine Theorie konzentrieren, die nicht so sehr von der Teilchenphysik, sondern durch Überlegungen zur Entwicklung des Kosmos geprägt ist. Sie trägt den

---

[1]In der Literatur wird diese Phase auch mit GUT-Ära bezeichnet, wobei GUT Grand Unified Theories abkürzt und die Großen Vereinheitlichten Feldtheorien meint, die wir im Abschn. 5.5 kurz eingeführt haben.

© Der/die Autor(en), exklusiv lizenziert durch Springer Fachmedien Wiesbaden GmbH, ein Teil von Springer Nature 2021
J. Louis, *Mit der Stringtheorie zum Urknall*, essentials,
https://doi.org/10.1007/978-3-658-32520-6_6

Namen „Inflation", ist aber nicht wirklich eine eigene Theorie, sondern kennzeichnet vielmehr eine Phase des Universums in der eine rapide (mathematisch exponentielle) Expansion des Universums stattfand (Abb. 2.1). Diese Idee wurde Anfang der 1980er Jahre unabhängig von dem amerikanischen Astrophysiker Alan Guth und dem russischen Astrophysiker Alexej Starobinski vorgeschlagen. Wenn es eine solche Phase im frühen Universum gegeben hat, lassen sich mehrere Beobachtungen plausibel erklären. Auf die Details kann an dieser Stelle nicht eingegangen werden, dennoch sollen kurz die Beobachtungen beschrieben werden, da sie für die Entwicklung des Kosmos relevant sind.

Im Abschn. 4.2 hatten wir die beeindruckende Homogenität der kosmischen Hintergrundstrahlung betont, die lediglich Schwankungen von 0,001 % aufweist. Diese Strahlung erreicht uns aber aus Bereichen des damals bestehenden Universums, die eigentlich nichts voneinander „gewusst" haben können. Das liegt an der Endlichkeit der Lichtgeschwindigkeit und dem damit verbundenen und vielfach bestätigtem Postulat Einsteins, dass jede Information auch nur maximal mit Lichtgeschwindigkeit übertragen werden kann. Die Hintergrundstrahlung erreicht uns von räumlich separierten Bereichen, die in einem sich linear ausdehnenden Universum keine Information miteinander austauschen konnten. Daher ist die Homogenität auf den zweiten Blick überraschend. Für ein Universum mit einer inflationären Phase lässt sich diese Tatsache aber durch die exponentielle Ausdehnung in dieser Phase erklären.

Einen zweiten Punkt betrifft die beobachte Flachheit des Ortsraumes. Wie wir gelernt haben, lässt die Allgemeine Relativitätstheorie beliebige Raumkrümmungen zu. Durch die Vermessung der Hintergrundstrahlung (inklusive ihrer Schwankungen), durch die Beobachtung der Rotverschiebung im Universum und durch die Beobachtung der großflächigen Strukturen im Universum lässt sich indirekt schließen, dass unser Universum räumlich nahezu flach ist. Diese Eigenschaft ist tatsächlich eine Vorhersage einer inflationären Phase.

Was könnte nun diese exponentielle Expansion ausgelöst haben? Die meisten Modelle dazu postulieren ein neues, elektrisch neutrales Teilchen mit Spin 0, was als Inflaton bezeichnet wird. Dieses Teilchen muss ein bestimmtes Verhalten im frühen Universum zeigen. Das Inflaton mit den notwendigen Eigenschaften lässt sich aber bislang noch nicht überzeugend in eine Erweiterung des Standardmodels einbauen. Die Stringtheorie hat tatsächlich solche Teilchen in ihrem Spektrum, aber die notwendigen Eigenschaften haben bislang auch nur den Status von ad hoc Annahmen.

Wenn man aber ein Inflaton als zusätzlich vorhandenes Teilchen mit Spin 0 annimmt, lässt sich der Ursprung der Inhomogenität der Hintergrundstrahlung als

Quanteneffekt des Inflatons verstehen. Dieser zusätzliche Bonus legt die Existenz des Inflatons als Ursache der inflationären Phase zumindest nahe.

Je nach Art des Modells für die inflationäre Phase entstehen in dieser Zeit auch Gravitationswellen. Die Größe des zu erwartenden Signals liegt aber nicht fest und es ist deshalb unklar, ob sie in naher Zukunft nachgewiesen werden können. Es besteht aber eben durchaus die Möglichkeit über diesen Kanal eine Strahlung aus der ganz frühen Phase nachzuweisen und so unser Verständnis des frühen Universums entscheidend zu verbessern. Daher ist das ein sehr aktiver Zweig der augenblicklichen Forschung.

6.2 Mit der Stringtheorie zum Urknall: die Planck-Ära

Lassen Sie uns zu Beginn dieses Abschnitts nochmal kurz das Problem skizzieren. In der Allgemeinen Relativitätstheorie entspricht der Urknall einer Singularität, die physikalisch nicht sinnvoll ist. In der Tat haben wir gesehen, dass in der Planck-Ära die Theorie ihre Gültigkeit verliert und durch eine Quantengravitation ersetzt werden muss. Der zurzeit beste Kandidat ist die Stringtheorie, die durch Einführung einer fundamentalen Länge (der Länge der Strings) diese Singularität beseitigt. Die physikalischen Prozesse in der Planck-Ära lassen sich bislang nur näherungsweise untersuchen. Insbesondere für Fragen nach dem Urknall fehlt weitgehend das Handwerkzeug, da die zur Verfügung stehenden Näherungsmethoden im Falle großer Raumkrümmung, wie sie in der Planck-Ära vorliegen, versagen. Damit steht nur sehr indirekte Information über den Urknall zur Verfügung und wir nähern uns jetzt der Grenze der momentanen wissenschaftlichen Erkenntnisse.

Eng damit verbunden ist die Beschaffenheit von Raum und Zeit in der Planck Ära. Die etablierten geometrischen Konzepte der Mathematik sind unzureichend und ein neues Verständnis von Raum und Zeit muss entwickelt werden. Raum und Zeit selbst müssen den Gesetzen einer Quantentheorie gehorchen und werden dadurch radikal abgeändert. Naheliegend ist die Vermutung, dass beide Größen diskreten Charakter haben und nur in Vielfachen von Planck-Länge und Planck-Zeit auftreten können. Vielleicht ist es aber auch ganz anders: Raum und Zeit existieren zunächst gar nicht und sie entstehen erst nach einer Art Phasenübergang am Ende der Planck-Ära. Eine duale (String) Theorie beschreibt hingegen die Quanteneigenschaften von Raum und Zeit während der Planck Ära. In der Tat existieren konkrete Vorschläge für so eine Situation in einer Quantengravitation mit einem fünf-dimensionalen anti-de-Sitter-Raum als Raumzeit. In der von dem argentinischen Physiker Juan Maldacena entwickelten AdS/CFT Korrespondenz wird die fünf-dimensionale Quantengravitation durch eine supersymmetrische Quantenfeldtheorie in einem flachen vier-dimensionalen Raum beschrieben. Dieses Beispiel lässt sich nicht direkt auf unser Universum anwenden, da es keinem anti-de-Sitter-Raum entspricht. Es zeigt aber die Möglichkeit einer ganz anderen, dualen Beschreibung von Raum und Zeit auf.

In Abschn. 5.4 haben wir den gewaltigen Parameterraum der Stringtheorie beschrieben. Welche Rolle könnte er nun in der Geschichte des Universums spielen? Eine Möglichkeit lässt sich gut durch eine Analogie mit der Newtonschen Gravitationstheorie erläutern. Alle Planeten bewegen sich danach auf Ellipsenbahnen um die Sonne bzw. in einem anderen Sonnensystem um einen anderen Stern. Die konkreten Ellipsenbahnen der Planeten in unserem Sonnensystem gelten als zufällig, bzw. ergaben sich durch die Entstehung des Sonnensystems. In anderen Sonnensystemen bewegen sich die Planeten hingegen auf Ellipsenbahnen mit ganz anderen Werten der beiden Halbachsen. Ähnlich könnte es sich nun mit unserem Universum und der Stringtheorie verhalten. Unser Universum entspricht einer Lösung der Stringtheorie, die vielen anderen Lösungen anderer, möglicherweise ebenso existenten Universen. Solche Parallelwelten bzw. Paralleluniversen haben immer schon den Menschen fasziniert, von den alten Griechen bis hin zur zeitgenössischer Science-Fiction Literatur. In der Stringtheorie sind sie nun physikalisch eine konkrete Möglichkeit geworden.

Ein damit eng verbundener und zurzeit viel diskutierter Aspekt lässt sich ebenso mithilfe einer Analogie mit dem Parameterraum der Ellipsenbahnen der Planeten verdeutlichen. Er betrifft die Zufälligkeit der Werte der Halbachsen. Wären sie im Falle der Erdbahn nur minimal anders, gäbe es kein Leben auf der Erde, da es durch die dann herrschenden Temperaturen erst gar nicht entstehen könnte. Ähnlich verhält es sich auch mit anderen Naturkonstanten wie z. B. dem Planckschen Wirkungsquantum, der Newton-Konstante oder der kosmologischen Konstante. Wären ihre Werte geringfügig anders, hätte sich das Universum anders als wir es heute beobachten entwickelt und kein Leben wäre darin möglich. Für die Halbachsen der Erdbahn ist etabliert, dass es für ihre Werte keine theoretischen Erklärungen geben kann. Bei den drei anderen Naturkonstanten ist es nicht ganz so offensichtlich und insbesondere gibt es seit Jahren eine intensive Diskussion, ob es für den Wert der kosmologischen Konstante Λ eine theoretische Erklärung gibt bzw. geben kann.

In diesem Zusammenhang formulierte der australische Physiker Brandon Carter 1973 das sogenannte Anthropische Prinzip, dass seither mehrfach präzisiert wurde. Es lässt sich sehr grundsätzlich auf die Frage nach den numerischen Werten von Parametern in physikalischen Theorien anwenden. Es besagt, dass manche Parameter einer Theorie nicht durch die Theorie selbst oder irgendeine andere

„übergeordnete Theorie" festgelegt werden, sondern lediglich dadurch, dass nur für die spezifisch vorliegenden bzw. gemessen Werte, Leben überhaupt möglich ist und damit nur dann, Lebewesen die Frage nach dem Wert dieser Parameter stellen können. Dieses Prinzip führt auf den ersten Blick eine gewisse Zufälligkeit ein und mag daher wenig wissenschaftlich erscheinen. Verbunden mit einer zusätzlichen Forderung, ist es aber durchaus ernst zu nehmen. Es muss nämlich eine Vielzahl von gleichen physikalischen Systemen vorliegen, in denen die Parameter mehr oder weniger alle von der Theorie erlaubten Werte annehmen und so mit einer plausiblen Wahrscheinlichkeit in einem dieser Systeme der von uns gemessenen Wert vorliegt. Im Fall der Halbachsen der Erdbahn ist das tatsächlich der Fall. Es gibt im Universum so viele Sonnensysteme mit Planeten die einen Stern umkreisen, dass sich darunter mit statistisch großer Wahrscheinlichkeit eine Erdbahn befindet. (Gäbe es nur unser Sonnensystem mit nur acht Planeten, ließe sich das Anthropische Prinzip nicht anwenden.) Für unser Universum ist diese zusätzliche Forderung hingegen weniger offensichtlich, denn es müssten so viel Universen existieren, dass sich darunter mit plausibler statistischer Wahrscheinlichkeit eines mit den von uns beobachteten Eigenschaften befindet. Über eine solche Vielzahl von anderen Universen haben wir jedoch bislang keinerlei Kenntnis. Nimmt man aber die Stringtheorie ernst und postuliert, dass jede Lösung der Stringtheorie einem eigenen Universum entspricht, so gäbe es um die 10^{100}–10^{500} Universen und das Anthropische Prinzip wäre auch hier anwendbar.

Wie sähen nun diese anderen Universen aus? Die meisten wären klein und kalt und ohne jedes Leben. Der gesamte Raum hätte ein Planck-Volumen und so ein Universum würde sich auch nicht ausdehnen. Unter den Stringlösungen gibt es aber auch expandierende Universen und darunter wieder welche mit drei Raumdimensionen. In den meisten davon hätte sich aber kein Leben entwickelt, weil die Werte der physikalischen Parameter das nicht zulassen. In einem oder mehreren sind aber die Parameter so, dass sich Leben entwickeln kann und eines davon ist unser Universum.

Aus diesen Überlegungen wird klar, dass eine essentielle Frage darin besteht, warum sich drei Raumdimensionen ausgedehnt haben, während die anderen sechs klein und kompakt geblieben sind. Dafür hat allerdings die Stringtheorie bislang keine plausible bzw. etablierte Erklärung.

Der Gedanke an Paralleluniversen hat sicher eine gewissen Faszination, aber es schwingt auch immer etwas Science-Fiction mit. Man kann diesen Gedanken aber durchaus auch als den nächsten Schritt in unserem Selbstverständnis ansehen. Zunächst dachte der Mensch, die Erde sei das Zentrum des Universums. Dann musste er mit Hilfe von Galilei schmerzlich feststellen, dass die Erde nur einer von acht Planeten ist, die um die Sonne kreisen. Dann stellte er fest, dass sich unser Sonnensystem am Rande einer Galaxie (der Milchstraße) befindet. Dann wurde klar, dass es unzählig viele solcher Galaxien gibt und die Milchstraße wahrlich nichts besonders ist. Und nun wird auch noch vorgeschlagen, dass unser Universum nicht das einzige ist, sondern eines unter sehr vielen.

Bevor wir jetzt immer weiter ins Metaphysische abschweifen, beenden wir unsere Reise hier und fassen nochmal zusammen.

Zusammenfassung und Ausblick 7

Wir sind am Ende unserer Reise – zumindest vorerst. Lassen Sie uns deshalb nochmal kurz zusammenfassen: Unser Universum ist alt und kalt und vor ca. 14 Mrd. Jahren aus einem heißen Urknall entstanden. Seither dehnt es sich aus. Mithilfe der Teilchenphysik und der Kosmologie gelingt eine Rekonstruktion des Universums ab etwa 10^{-10} s nach dem Urknall. Zur Beschreibung des Urknalls selbst ist eine Quantengravitation, wie z. B. die Stringtheorie, notwendig. Sie ist an vielen Stellen noch unverstanden, legt aber jetzt schon interessante Eigenschaften nahe, z. B. zusätzliche Raumdimensionen und Paralleluniversen.

Wir konnten natürlich nicht alle Aspekte, die uns auf der Reise begegnet sind mit der gleichen Ausführlichkeit behandeln. Manche Aspekte, gerade zum Urknall und der Planck-Ära, sind offengeblieben, was natürlich ein Stück weit die momentane Situation in der Forschung zu diesen Themen widerspiegelt. Wir haben aber auch interessante Themengebiete weglassen müssen, z. B. die Quantentheorie von Schwarzen Löchern oder das holographische Prinzip im frühen Universum. Lassen Sie uns aber die offenen Fragen hier nochmal zusammenfassen:

1. Was ist die Quantengravitation?
2. Was genau ist der Urknall physikalisch?
3. Warum leben wir in drei Raumdimensionen?
4. Gibt es eine inflationäre Phase im frühen Universum?
5. Findet eine Vereinheitlichung der Kräfte statt?
6. Was ist die Dunkle Materie?
7. Was ist die Dunkle Energie?

© Der/die Autor(en), exklusiv lizenziert durch Springer Fachmedien Wiesbaden GmbH, ein Teil von Springer Nature 2021
J. Louis, *Mit der Stringtheorie zum Urknall*, essentials,
https://doi.org/10.1007/978-3-658-32520-6_7

Wir hoffen, dass wir Ihnen interessante Einblicke in die momentane Forschung der Kosmologie und Stringtheorie geben konnten und möchten zur weiterführenden Lektüre auf die Literaturempfehlungen verweisen.

Was können Sie aus diesem *essential* mitnehmen können

- Unser Universum expandiert nach einem heißem Urknall.
- Unter der Annahme der Existenz von Dunkler Materie gelingt die Rekonstruktion der Geschichte des Universums ab 10^{-10} s nach dem Urknall bis heute. Dabei ist das Ineinandergreifen von Kosmologie, Allgemeiner Relativitätstheorie, Teilchenphysik und Quantentheorie essentiell.
- Die Beschreibung der ersten 10^{-10} s ist zurzeit weitaus spekulativer, da hierzu eine Quantengravitation etabliert werden muss.
- Die Stringtheorie ist bisher die beste Kandidatin für eine solche Theorie. Sie ersetzt punktförmige Teilchen durch ausgedehnte Strings als elementare Bausteine des Universums.
- Die Stringtheorie sagt die Existenz von zusätzlichen Raumdimensionen vorher und legt die Existenz von Paralleluniversen nahe.

© Der/die Herausgeber bzw. der/die Autor(en), exklusiv lizenziert durch Springer Fachmedien Wiesbaden GmbH, ein Teil von Springer Nature 2021
J. Louis, *Mit der Stringtheorie zum Urknall,* essentials,
https://doi.org/10.1007/978-3-658-32520-6

Weiterführende Literatur

D. Giulini, C. Kiefer, Gravitationswellen, Springer essentials, 2017
B. Greene, Das elegante Universum, Siedler Verlag, 2000
B. Greene, Der Stoff aus dem der Kosmos ist, Alfred A. Knopf, 2003
G. Hasinger, Das Schicksal des Universums, C.H. Beck, München, 2007
S. Hawking, Das Universum in der Nussschale, Hoffman und Campe, 2001
M. Heyssler, Das Leben der Sterne, Teil 1 und 2, Springer essentials, 2015, 2016
A. Kochel, Neustart des LHC, Springer essentials, 2016
L. Susskind, The Cosmic Landscape, Little, Brown and Company, New York, 2005
S. Weinberg, Dreams of a Final Theory, Pantheon Books, New York, 1992
A. Zee, Quantum Field Theory in a Nutshell, Princeton University Press, 2003
B. Zwiebach, A First Course in String Theory, Cambridge University Press, 2009
Particle Data Group, https://pdg.lbl.gov

© Der/die Herausgeber bzw. der/die Autor(en), exklusiv lizenziert durch Springer
Fachmedien Wiesbaden GmbH, ein Teil von Springer Nature 2021
J. Louis, *Mit der Stringtheorie zum Urknall,* essentials,
https://doi.org/10.1007/978-3-658-32520-6

Printed in the United States
by Baker & Taylor Publisher Services